不确定性分析方法
在水文站网优化中的
研究与应用

王栋 吴吉春 吴剑锋 王远坤 等 著

中国水利水电出版社
www.waterpub.com.cn
·北京·

内 容 提 要

　　本书聚焦于耦合运用 Copula 函数、信息熵理论和随机数学等不确定性分析方法研究水文站网优化的问题，包括基于 Copula 熵的两阶段多目标水文站网优化模型、基于多维 Copula 的水文站对模拟研究、基于克里金-Copula 熵结合的站网评价模型、面向水文站网优化的小样本水文信息熵的不确定性分析、基于信息熵的多目标水文站网优化准则的应用与评价、基于信息熵理论的水文站网动态优化评价方法、最优矩约束极大熵（OM-POME）水文分布推断研究、非平稳性条件下基于 Archimedean Copula 的年极端降水量及降水强度频率分析、信息传递模型与数据传递模型在水文站网设计中的应用分析。

　　本书可供水文、水资源、水环境、地理、生态、环境、地质等领域的科研人员、工程技术人员和高校师生使用和参考。

图书在版编目（ＣＩＰ）数据

　　不确定性分析方法在水文站网优化中的研究与应用 /
王栋等著. -- 北京 : 中国水利水电出版社，2022.4
　　ISBN 978-7-5226-0639-2

　　Ⅰ. ①不… Ⅱ. ①王… Ⅲ. ①不确定系统-定性分析
-分析方法-应用-水文站-规划-研究 Ⅳ. ①P336

　　中国版本图书馆CIP数据核字(2022)第067851号

书　　名	**不确定性分析方法在水文站网优化中的研究与应用** BUQUEDINGXING FENXI FANGFA ZAI SHUIWEN ZHANWANG YOUHUA ZHONG DE YANJIU YU YINGYONG
作　　者	王栋　吴吉春　吴剑锋　王远坤　等 著
出版发行	中国水利水电出版社 （北京市海淀区玉渊潭南路 1 号 D 座　100038） 网址：www.waterpub.com.cn E-mail：sales@mwr.gov.cn 电话：(010) 68545888（营销中心）
经　　售	北京科水图书销售有限公司 电话：(010) 68545874、63202643 全国各地新华书店和相关出版物销售网点
排　　版	中国水利水电出版社微机排版中心
印　　刷	清淞永业（天津）印刷有限公司
规　　格	170mm×240mm　16 开本　11 印张　186 千字
版　　次	2022 年 4 月第 1 版　2022 年 4 月第 1 次印刷
定　　价	**68.00** 元

撰写人员名单

王　栋　　吴吉春　　吴剑锋

王远坤　　曾献奎　　徐鹏程

李禾澍　　王文琪　　刘登峰

序

  水是生命之源，生产之要，生态之基。科学应对我国目前面临的水问题的严峻挑战，积极开展水生态文明建设，对水生态环境修复与治理具有重要意义。水文站网是收集水文、水资源、水环境、水生态信息的基本场所，可为水资源开发利用、水生态环境保护与修复提供重要数据支撑，对于应对我国面临的水问题具有重要的科学意义和巨大的实用价值。

  南京大学王栋教授、吴吉春教授等面向国家需求，带领团队不懈钻研，在水科学不确定性领域开辟了一条具有原始创新性质的研究路径，取得了丰硕成果。该团队结合信息熵理论、Copula 函数、云模型、克里金等理论方法构建了多种水文分析方法和相关模型，相关成果相继发表在《水利学报》《水科学进展》和 *Journal of Geophysical Research*、*Journal of Hydrology*、*Water Resources Research*、*Advances in Water Resources* 等国内外一流期刊上，并获得了教育部科技进步一等奖等多项奖励，为我国水科学不确定性研究做出了贡献。

  本书凝练了王栋教授、吴吉春教授团队近年来在水文站网优化的相关成果，主要包括基于 Copula 熵的两阶段多目标水文站网优化模型、基于多维 Copula 模型的水文站点相关性研究、基于克里金-Copula 熵结合的站网评价模型、基于信息熵理论的动态雨量站网优化评价方法、基于信息熵的多目标水文站网优化准则的应用与评价等最新研究成果，可为水文站网优化和规划设计提供重要科学支撑，推动随机水文学和水信息学的高质量发展。

该书作者均是活跃在水科学研究领域的优秀青年骨干，立足国际国内研究态势和最新进展，分析问题精准，研究工作深入，学术成果丰硕。

是为序。

中国工程院院士

2021 年 6 月于北京

前言

　　水文工作是经济社会发展和生态文明建设的重要基础性工作。科学应对我国目前所面临的水问题（"水多""水少""水脏""水浑""水生态失衡"）的严峻挑战，必须紧密依靠水文工作。作为收集水文、水资源、水环境、水生态信息的基本场所，水文站网为防汛抗旱、水资源管理、水土保持、水质监测、水生态环境保护与修复、流域规划、水利工程建设运行和社会经济发展提供不可或缺的最基本资料依据和数据支撑。水文站网优化具有重要的科学探索意义和巨大的现实需求意义。

　　水文站网优化也是水文学中最为复杂的问题之一。一方面，它要考虑水循环的诸多要素。在气候变化与人类活动的影响下，降水、蒸发、产汇流等水循环要素的变化甚大。另一方面，它又不可避免随机性等不确定性。随机性等不确定性问题已成为当今水科学领域研究的热点和难点。

　　熵概念源于 19 世纪经典热力学。爱因斯坦对熵评价极高："熵理论，对于整个科学来说是第一法则。"信息熵将熵概念成功扩展到了信息科学领域，作为描述信源各可能事件发生的不确定性的量度，现已被广泛应用于多个学科。对于解决水科学领域的诸多不确定性问题，信息熵具有突出优势和光明前景。近 20 年，国外特别是欧美水文学者在应用信息熵解决水文问题方面进行了大量工作，取得了一系列研究成果。国内专家学者亦开展了相关探索，特别是在水文模拟领域成效显著。相比较而言，在水文站网优化研究方面涉及较少。

水文变量的多特征属性要求采用多变量概率分布模型解决。现有模型多基于线性相关，对于非线性、非对称的随机变量难以很好地描述，且多假定各变量服从相同的边际分布或对变量间的相关性有严格限定，从而限制了其应用。运用 Copula 函数构造的多变量概率分布模型具有任意边际分布，可描述变量间非线性、非对称相关关系，有效克服了现有模型的不足。目前，Copula 函数已广泛应用于金融、经济等领域，在水文分析计算等领域的应用尚处于起步阶段，但已经展现出了广阔前景，为水文站网优化提供了一种新的思路。

得益于多位知名水文领域专家学者长期的关心和大力支持，近年来，我们运用信息熵、Copula 函数、克里金等理论构建了多种水文站网优化设计模型，已在《水科学进展》《水利学报》和 *Journal of Hydrology*、*Journal of Geophysical Research*、*Advances in Water Resources*、*Environmental Research* 等国内外一流刊物上发表了一系列研究成果，受到了国内外同行的高度认可和一致好评。我们感觉到有必要结合自己的研究和体会，撰写此书供大家参考，并希望本书的出版可以促进信息熵和 Copula 函数等不确定性分析理论方法在水科学领域的推广和应用，从而进一步推动随机水文和水信息科学等学科的发展。

本书共 9 章。第 1 章由徐鹏程、王栋、曾献奎完成，提出了基于 Copula 熵的两阶段多目标水文站网优化模型，应用多个流域的径流和降水实例验证了模型，探讨了模型应用的可行性和有效性。第 2 章由徐鹏程、王栋、王远坤完成，对水文站点间的相关性进行研究，提出了一种基于 Copula 函数理论的相关性量化模型，着重讨论了阿基米德 Copula 函数、椭圆类 Copula 函数以及混合 Copula 函数对各站之间联合分布模拟效果。第 3 章由徐鹏程、王栋、吴吉春完成，构建了基于克里金-Copula 熵结合的站网评价模型，联合考虑了克里金方法对面雨量估计精度刻画优势，并将该模型应用到了上海市雨量站网的优化设计中，采取相应的后验指标计算，证明了模型使用效果的显著性和合理性。第 4 章由刘登峰、王栋、徐鹏程完成，针对水文研究中观测样本的稀缺性，在水文不确定性分析应用的场景下，提出了一种基于 JSS 估计的多尺度滑动信息熵分析方法 MM-EHA，运用 MM-EHA 方法对长江、黄河流域代表测站径流系统的不确定性进行量化与分析。第 5 章由李禾澍、王栋、吴剑锋完成，以太湖流域浙西降水量资料为样本，在不同数值离散化条件下，对 3 种基于信息熵的水文站网优化准则（H-C，H-T1-C 和 H-T2-C）进行了对比和评价。第 6 章由王文琪、王栋、王远坤完成，提出了基于信息熵理论的水文站网动态优化评价方法，构建了一种考虑时间变率的最优雨量站网评估框架，应用实例验证了模型的有效性和优越性。第 7 章由刘登峰、王栋、徐鹏程完成，通过理论-经验分布分析（TEA）确定了最优矩阶数，从模型效率、误差和线性回归拟合优度 3 个角度量化理论-经验分布的一致性，最终给出了 OM-POME 分布推断方法，耦合 Copula 函数提出了一种基于最优矩约束下极大熵-Copula 的多变量建模框架（OMME-C）。第 8 章由李禾澍、王栋、吴剑锋完成，以中国东部沿海季风区的 4 个典型区域为例，主要讨论了非平稳性条件下基于 Archimedean Copula 函数的年极端降水量及降水强度的频率分析。第 9 章由王文琪、王栋、王远坤完成，对信息传递模型和数据传递模型进行了比较和分析，并分别应用于雨量站网的优化和设计。

本书的研究工作得到了国家重点研发计划（2020YFC1807801、2017YFC1502704）、国家自然科学基金（41571017、51679118、91647203）、江苏省"333 工程"和江苏高校"青蓝工程"等项目的资助。

由于作者水平有限，书中难免出现疏漏，恳请读者批评指正。

作者

2021 年 12 月

目录

第1章

基于 Copula 熵的两阶段多目标水文站网优化模型

1.1 引言

合理的水文站网布置能够提供翔实准确的水文气象系统状态信息，是提高水利管理效率的关键环节（Chacon - Hurtado et al.，2017）。由于流域系统内部复杂多变的特性，自国际水文十年（1965—1974 年，International Hydrological Decades，IHD）以来，水文站网优化设计问题一直是备受关注的热点话题。水文站网的优化设计很大程度上取决于研究区域的时空尺度大小和特定的优化目标函数。因此，不同站网的使用目的对应了不同的观测时空精度。站网的优化设计也可以考虑经济效益因素的影响（Loucks et al.，2005）。大多数情形下，制约站点布设的关键问题在于有限的可支配经济来源，这也是大多数站网优化问题从站点精简方面考虑的源动力。对于站点设站的前期经济投入和站点冗余产生不必要经济开支的对比尚未开展系统性的分析，原因在于站网布设策略评价是一种事后评价（Loucks et al.，2005；Alfonso et al.，2016）。在大多数研究中，随着多余站点的增多，对于站网内部信息测度矩阵（例如信息熵，不确定的弱化）的改善就显得非常有必要了。此外，最优站点数目可以基于特定评价指标的阈值来决定。

对于水文站网的优化设计，国内外已开展了大量的研究，主要的研究方法大致可以归纳为 3 种：①基于统计学的方法（Pardo - Igúzquiza，1998；Bonaccorso et al.，2003）；②基于信息论的评价方法（Alfonso et al.，2010b；李东奎，2016）；③基于两种及以上理论耦合的方法（Yeh et al.，2011）。

自 20 世纪 70 年代以来，信息熵理论在水文气象领域得到广泛的应用

（Singh，1997；张继国 等，2000；黄家俊 等，2017）。在信息熵理论中，传递信息量（transinformation）经常被定义为互信息（mutual information，MI）。Krstanovic et al.（1992）基于最大熵原理（principle of maximum entropy，POME）利用联合信息熵和信息传递指标对雨量站网进行优化，确定了剔除的站点（当冗余信息量较高时）和增设的站点（缺少共同信息量时）。Singh（1997）利用直方图法估计信息熵时发现，随着分组组距的增大，信息熵估计值呈现逐渐减小的趋势。Li et al.（2012）采用了最大化信息量、最小化冗余信息量的准则对水文径流站网进行优化设计，其中将最大化联合信息熵（joint entropy，JE）作为目标函数。陈植华（2002）从信息流的角度开展了地下水观测站网内存在的信息传递量分析，综合评价了观测站网的信息交流和搜集能力。李禾澍等（2017）以站网的信息总量、信息重叠量和数据波动为关键目标函数，实现了站网优化中的多目标求解，达到了去除冗余站点和站网精简的目标。

　　站网的优化、评估设计关键在于能够提供有效的站点精简和扩充方案。而站点的精简可以从站网信息量的角度进行研究，基于信息熵理论可以对站网信息传输量、信息冗余量准确刻画，估计站网系统的水文不确定性，优选最佳站点组合。而不论是信息传递量还是信息冗余量的计算都不能回避这样一个问题：如何采用合理的方法估计互信息？Singh（1997）研究了分组组距对于信息估计量的影响，采用传统的直方图法计算信息量指标时对于分组组距敏感性响应较强，为此本章拟采用 Copula 熵法代替直方图法对互信息进行估计，同时 Copula 熵也能够解决多变量之间信息冗余量难以估计的难题，即总相关量的估计（Ma et al.，2011）。Copula 熵法很好地解决了直方图法对于分组组距敏感性的问题，使得 Copula 熵法在水文站网优化研究中效果显著。同时，确定最优站点数的问题涉及多目标的优化问题，站网内部的总相关量、联合信息熵常常作为冗余信息量和联合信息量的度量指标。两阶段的 Copula 熵模型也能较好地解决高维情形下多目标问题求解的困境。

　　基于以上分析，本章主要采用半参数法对流域内各站点对之间进行 Copula 函数的模拟，着重探讨阿基米德 Copula 函数（Gumbel、Frank、Clayton）、椭圆类 Copula 函数（Normal、t student）以及混合 Copula 函数对各站之间联合分布的模拟效果。同时对比分析常用的拟合优度检验方法（主要是 AIC 法和交叉检验法）的差异性。接着，基于优选的 Copula 函数建立多目标的站网优化模型并对水文站网进行了优化分析。模型优化过程可以分为两个阶段：①采用基于 Copula 熵的信息导向传递指标聚类分析已有站网，达到多站点下站网降维的目的；②采用多目标优化的方法对分组后的子集进行再优化。开展仿真实验有助于对比分析 Copula 熵法和直方图法估计互信息的效果。

1.2 基于 Copula 熵的信息量化指标

1.2.1 Copula 函数

Copula 函数优化一般过程包括潜在的 Copula 函数拟合度检验、Copula 参数估计、最优模型的优选。椭圆类 Copula 函数和阿基米德 Copula 函数由于对称性的特点限制了其在尾部相关性的应用，而混合 Copula 函数在这方面得到了很好的应用（陆桂华 等，2010；冯平 等，2016；Zhang et al.，2016；Bazrafshan et al.，2015）。

1.2.2 Copula 熵

在优选出较好的 Copula 函数之后，就可以依据相关的理论公式计算得到 Copula 熵。Copula 熵可以对互信息乃至总相关量进行很好的度量，能够代替直方图法量化站网内的信息冗余量和信息总量（Ma et al.，2011），能够弥补直方图法对于高维冗余信息量的估计精度。在使用 Copula 熵之前有必要对信息熵基本理论的信息量化指标进行简要介绍。

1.2.2.1 基本信息量化指标

Shannon（1948）率先采用信息熵理论量化随机变量所包含的信息量。特定事件不确定度的大小和该事件相关信息量的大小成反比。因为随着事件的发生，带来了信息获取量的增大。因此，信息量可以视为不确定度的减小。边缘熵（marginal entropy，ME）、联合信息熵（JE）、互信息（MI）、总相关量（total correlation，TC）是水文站网中基本的信息量化指标。假定 $[X_1, X_2, \cdots, X_d]$ 是一个 d 维的离散型随机变量数组，其联合概率密度函数为 $p(x_1, x_2, \cdots, x_d)$，变量 X_1，X_2，$\cdots$，X_d 对应的边缘密度函数分别为 $p(x_1)$，$p(x_2)$，$\cdots$，$p(x_d)$。边缘熵代表单个变量所包含的信息总量，互信

3

息以及总相关量代表了多个变量间的冗余信息量，联合信息熵则是多个变量的信息总量，具体定义如下：

（1）边缘熵。

$$H(X_i) = -\sum_{x_i} p(x_i) \log_2 p(x_i) \tag{1.1}$$

（2）联合信息熵。

$$H(X_1, X_2, \cdots, X_d) = -\sum_{x_1} \cdots \sum_{x_d} p(x_1, x_2, \cdots, x_d) \log_2 p(x_1, x_2, \cdots, x_d)$$

$$\tag{1.2}$$

（3）互信息。

$$I(X_i, X_j) = \sum_{x_i} \sum_{x_j} p(x_i, x_j) \log_2 \frac{p(x_i, x_j)}{p(x_i) p(x_j)} \tag{1.3}$$

（4）总相关量。

$$\mathrm{TC}(X_1, X_2, \cdots, X_d) = \sum_{i=1}^{d} H(X_i) - H(X_1, X_2, \cdots, X_d) \tag{1.4}$$

在大多数应用中，信息熵的量化计算一般都是将连续化的原始数据进行离散化处理。单个变量 X 的概率可以理解为变量 X 在分组间隔 k，$\cdots$，m 中出现的次数与整个离散化序列长度的比值。当计算多个变量的信息熵时，问题就转化为计算多变量的联合信息熵。

1.2.2.2　信息熵在站网优化中的原理

为了能够直观反映水文气象站点布置过程中涉及的基本水文信息量化指标，本节绘制了信息文氏图（图 1.1）。图 1.1 中显示的不同颜色的 9 个圆圈组成了 1 个集合，代表了 9 个站点组成的站网。假定这 9 个站点都搜集到了一定时间尺度下的高质量时间序列数据，每一个圆圈可以看作是 1 个随机变量，记为 RV，图中单个圆圈的面积可以看作各站点涵盖的水文信息量。如果站网中有 9 个站点，图 1.1（a）子图就表明 9 个站点间会包含部分冗余信息量，所以圆圈之间会有面积覆盖。设定这样一种情景：如何在这 9 个站点中找到 3 个站点组成的最优子集，使其能够最大化反映原先站网的信息量。重新关注图 1.1（a），问题可以简化为选定 3 个圆圈组成的集合，并满足以下条件：①圆圈组成的总面积最大；②圆圈之间的覆盖面积最小。图 1.1 中显示了 3 个解决方案，对于各个方案，单变量边缘熵（每个圆圈面积）、联合信息熵［3 个圆圈组成的实际总面积，图 1.1（b）］以及总相关量［总的重复覆盖面积，图 1.1（c）］都逐一显示在图 1.1 之中。

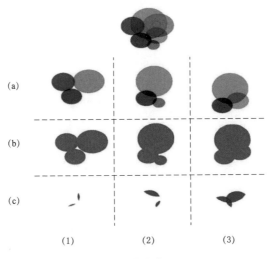

图 1.1 信息文氏图

基于以上对文氏图的分析，本章在站网优化方面着重从如何精简站点数目的角度出发，结合信息熵理论得出最优的站点组合，使得该最优站网能够满足最小的冗余信息量（总相关量 TC）和最大的总信息量（联合信息熵 JE），因此站网优化也可以归纳为多目标优化问题。着重以最小化总相关量和最大化联合信息熵作为关键的目标函数，当然也能根据决策需要添加更多的目标函数。对于以上两个关键信息指标（TC，JE）的计算一般都是通过直方图法或者地板函数法实现的。利用直方图法进行信息熵估计时，需要设定好离散化的组距（或者说离散化的组数），这在某种意义上有一定的任意性和主观性，使得最终的信息熵指标对于分组组距的敏感性过大，也没有特定的标准来确定合理的组距。地板函数法则是对原始的连续性数据进行整数化处理，进而帮助确定分组组距，但是地板函数法需要确定合适的参数。为了解决这一问题，本章尝试一种新的思路，利用 Copula 熵是总相关量的相反数（Ma et al.，2011）这一特性，能够从 Copula 函数的角度求解站网优化中关键的两个目标函数，可以大大改善直方图法和地板函数法估计信息量的不确定性。基于以上 Copula 熵的优势，最终建立了以 Copula 熵为核心的两阶段多目标站网评价模型。

1.2.2.3 Copula 熵与信息量指标的关系

在利用直方图法进行信息熵计算时，前人对于不同组距优选法的讨论进行了大量的研究（Fahle et al.，2015；Keum et al.，2017）。Fahle et al.（2015）认为修正组距法比一般化组距选取法在水位序列的标准差变化时显示出较强的稳定性。尽管直方图离散化处理后的雨量数据可以得出相类似的最优站点组合，但是径流站网得出的最优站网在离散化组距变化时显示出较强的敏感性。所以，采用直方图法进行离散化计算信息熵时，很大程度上会改变最优站点的分布形式。在利用 Copula 熵估计互信息和总相关量指标之前需要通过推导演绎，建立互信息与 Copula 熵的等价关系，具体的推导过程如下。

信息熵理论有连续型和离散型两种形式，这两种形式所表达的意思一致。1.2.2.1 节中定义信息量指标都是采用离散形式，本节为了显示推导效果采用了连续形式。假定连续型随机变量组合 $(X_i，X_j)$，其二维情形下的联合熵可以定义为

$$H(X_i,X_j)=-\int_e^f\int_a^b p(x_i,x_j)\log_2 p(x_i,x_j)\mathrm{d}x_i\mathrm{d}x_j \quad (1.5)$$

式中：$[a，b]$ 为变量 X_i 的定义域；$[e，f]$ 为变量 X_j 的定义域。

将 $p(x_i,x_j)=c(u_i,u_j)p(x_i)p(x_j)$（Nelson，2006）代入式（1.5），可以得到

$$\begin{aligned}H(X_i,X_j)&=-\int_e^f\int_a^b p(x_i,x_j)\log_2[c(u_i,u_j)p(x_i)p(x_j)]\mathrm{d}x_i\mathrm{d}x_j\\&=-\int_e^f\int_a^b p(x_i,x_j)[\log_2 c(u_i,u_j)+\log_2 p(x_i)+\log_2 p(x_j)]\mathrm{d}x_i\mathrm{d}x_j\\&=-\int_e^f\int_a^b c(u_i,u_j)\log_2 c(u_i,u_j)\mathrm{d}u_i\mathrm{d}u_j\\&\quad-\int_e^f\int_a^b p(x_i,x_j)[\log_2 p(x_i)+\log_2 p(x_j)]\mathrm{d}x_i\mathrm{d}x_j\end{aligned} \quad (1.6)$$

式中：$p(x_i)$ 和 $p(x_j)$ 分别为变量 X_i 和 X_j 各自的概率密度函数；$c(u_i，u_j)$ 为 Copula 密度函数；$u_i，u_j$ 为边缘分布函数。

对式（1.6）右边的部分分别进行积分，过程如下：

$$\begin{aligned}\int_e^f\int_a^b p(x_i,x_j)\log_2 p(x_i)\mathrm{d}x_i\mathrm{d}x_j&=\int_a^b\log_2 p(x_i)\left[\int_e^f p(x_i,x_j)\mathrm{d}x_j\right]\mathrm{d}x_i\\&=\int_a^b\log_2 p(x_i)[p(x_i)]\mathrm{d}x_i\\&=-H(X_i)\end{aligned} \quad (1.7)$$

$$\begin{aligned}\int_e^f\int_a^b p(x_i,x_j)\log_2 p(x_j)\mathrm{d}x_i\mathrm{d}x_j&=\int_e^f\log_2 p(x_j)\left[\int_a^b p(x_i,x_j)\mathrm{d}x_i\right]\mathrm{d}x_j\\&=\int_e^f\log_2 p(x_j)[p(x_j)]\mathrm{d}x_j\\&=-H(X_j)\end{aligned} \quad (1.8)$$

$$-\int_{e}^{f}\int_{a}^{b}c(u_{i},u_{j})\log_{2}c(u_{i},u_{j})\mathrm{d}u_{i}\mathrm{d}u_{j}=H_{c}(u_{i},u_{j}) \tag{1.9}$$

将式（1.7）～式（1.9）代入式（1.6），可以得到

$$H(X_{i},X_{j})=H(X_{i})+H(X_{j})+H_{c}(u_{i},u_{j}) \tag{1.10}$$

互信息与边缘熵、联合熵的关系为

$$I(X_{i},X_{j})=H(X_{i})+H(X_{j})-H(X_{i},X_{j}) \tag{1.11}$$

结合式（1.10）与式（1.11），可以得到互信息与 Copula 熵之间的关系：

$$I(X_{i},X_{j})=-H_{c}(u_{i},u_{j}) \tag{1.12}$$

推广到高维的情形，得到 Copula 熵与总相关量（TC）之间的关系为

$$\mathrm{TC}(X_{1},X_{2},\cdots,X_{d})=-H_{c}(u_{1},u_{2},\cdots,u_{d}) \tag{1.13}$$

由式（1.13）可知，Copula 熵就是总相关量的相反数。Copula 熵可以表示为（Singh，2015）

$$H_{c}(u_{1},u_{2},\cdots,u_{d})=-\int_{[0,1]^{d}}c(u_{1},u_{2},\cdots,u_{d})\log_{2}c(u_{1},u_{2},\cdots,u_{d})\mathrm{d}U$$

$$=-E\log_{2}c(u_{1},u_{2},\cdots,u_{d}) \tag{1.14}$$

式中：$c(u_{1},u_{2},\cdots,u_{d})$ 为 Copula 密度函数。

可以采用两种方法计算式（1.14）中描述的 Copula 熵：①多重积分法；②蒙特卡洛模拟法。由于多重积分法在维数较高时求解困难，本章采用第 2 种方法计算 Copula 熵。

由式（1.6）～式（1.14）可知，Copula 熵代替直方图法求解互信息和总相关量是可信的，且一旦边缘熵和 Copula 熵能够确定，联合熵可以按照式（1.10）求得。最重要的是 Copula 函数的优选一定要能够确保参数可靠，拟合优度检验效果良好。

1.3 基于 Copula 熵的站网优化模型的构建

1.3.1 Copula 函数优选

以 Copula 熵为基础的多目标优化模型主要依赖于 Copula 函数模拟效果，因此需要对 Copula 函数的模拟方法进行详细的探讨。本章采用了两个实例进行分析，伊洛河流域和上海地区的算例着重探讨 Copula 熵站网

优化模型在径流站网和气象站网的可行性和适用性。尽管 Copula 函数模拟作为 Copula 熵优化模型的中间过程，但也是决定优化结果的关键步骤。

1.3.2　参数估计方法

本章采用半参数法估计 Copula 参数，通过与非参数法的差异比较来判断半参数法的优劣。半参数法可以分为两个阶段：①经验分布函数代替边缘分布；②极大似然函数求出参数 θ。非参数法识别可以分为 Kendall 相关系数法（Kendall's tau）和 Speraman 相关系数法（Spearman's Rho）两种。

1.3.3　Copula 函数拟合优度检验

本章选取了水文中常用的阿基米德 Copula 函数和椭圆类 Copula 函数，相应地旋转 Copula 函数推求水文站对之间的联合分布。然后利用赤池信息准则（akaike information criterion，AIC）和 $\widehat{xv}_n$ 交叉检验值标准优选出拟合度最好的 Copula 函数。

1.3.4　两阶段的多目标站网优化模型的建立

在确定最优的 Copula 函数模型之后，根据式（1.14）可以得出整个站网优化模型，具体分为以下两个阶段：①基于 CDIT 指标和相应的阈值比较法进行分类；②针对每组的站点集合，实现多个信息量目标函数的优化。

1.3.5　基于优化模型的站网分类步骤

第一阶段的站网优化过程主要是基于以 Copula 熵为基础的信息传递指标（Copula - based directional information transfer，CDIT）的计算进行聚类分析，为此需要具体介绍 CDIT 指标。假定原始站网内部有 d 个候选站点，每个站点都存储着一个特定的水文气象变量观测值（径流、降雨），定义为 $X_i(i=1, 2, \cdots, d)$，$\{X_i\}$ 代表了编号为 i 的站点所观测到的水文时间序列。

类似于 Yang et al.（1994）提出的导向性信息指标（directional information transfer，DIT）的概念，本章也提出了以 Copula 熵为基础的信息传递指标（假定一个站点对由 i 号站点和 j 号站点组成），其具体的形式可以表

示为

$$\text{CDIT}_{ij} = \frac{I(X_i, X_j)}{H(X_i)} = \frac{-H_c(u_i, u_j)}{H(X_i)} \tag{1.15a}$$

$$\text{CDIT}_{ji} = \frac{I(X_i, X_j)}{H(X_j)} = \frac{-H_c(u_i, u_j)}{H(X_j)} \tag{1.15b}$$

式中：$I(X_i, X_j)$ 为互信息；$H_c(u_i, u_j)$ 为 Copula 熵，其定义以及与互信息的关系可以参考式（1.12）～式（1.14）；CDIT_{ij} 为站点 j 可以由站点 i 推断得到的信息量；CDIT_{ji} 为站点 i 可以由站点 j 推断得到的信息量；$H(X_i)$ 和 $H(X_j)$ 为对应变量的边缘信息熵。

为了使用 CDIT 指标进行站点聚类分析，需要选定一个特定的阈值，为此本章提出了基于站网内部 CDIT 的阈值（threshold，TH）计算公式：

$$\text{TH} = \frac{\sum_{i=1}^{d-1} \sum_{j=i+1}^{d} (\text{CDIT}_{ij} + \text{CDIT}_{ji})}{2M} \tag{1.16}$$

式中：M 为站点对数，d 个站点可以组成 M 对，$M = \binom{d}{2} = \frac{d!}{(d-2)! \, 2!} = \frac{d(d-1)}{2}$。

本章提出以下分类准则进行第一阶段的站网聚类分析：

（1）当 $\text{CDIT}_{ij} \geqslant \text{TH}$ 且 $\text{CDIT}_{ji} \geqslant \text{TH}$ 时，站点 i 和站点 j 应当划分为一组；也就是说两站点之间存在着一定的信息传递量，或者说两者之间的水文信息是可以互相推断的。

（2）当 $\text{CDIT}_{ij} < \text{TH}$ 且 $\text{CDIT}_{ji} < \text{TH}$ 时，站点 i 和站点 j 应当被分在不同的站点组合里面。

（3）当 $\text{CDIT}_{ij} \geqslant \text{TH}$ 且 $\text{CDIT}_{ji} < \text{TH}$ 时，站点 j 的水文信息量可以从站点 i 中预测得到，同时又可以细化为以下两种情形：

1）如果站点 j 不隶属于其他任何站点组合，那么站点 j 应当归属到站点 i 所在的分组里面。

2）如果站点 j 隶属于其他任何站点组合，那么站点 j 就一直隶属于原来的组合不发生改变；预测站点 i 在任何情形下都不隶属于 j 所在的分组。因为在优化过程中一旦站点 i 被删去，那么该站的信息量无法从其他站点推断得到。

（4）当 $\mathrm{CDIT}_{ij}<\mathrm{TH}$ 且 $\mathrm{CDIT}_{ji}\geqslant\mathrm{TH}$ 时，意味着站点 i 的信息量可以由站点 j 推断而来，同时又要考虑以下两种情形：

1）如果站点 i 不隶属于其他任何站点组合，那么站点 i 应当归属到站点 j 所在的分组里面。

2）如果站点 i 隶属于其他任何站点组合，那么站点 i 就一直隶属于原来的组合不发生改变；预测站点 j 在任何情形下都不隶属于 i 所在的分组。因为在优化过程中一旦站点 j 被删去，那么该站的信息量无法从其他站点推断得到。

尽管本模型按照式（1.16）可以得出一个特定的阈值进行第一阶段的站网分组，但是可以发现阈值取值的不同会对第一阶段分组的结果产生一定的影响，为此本章对于阈值的敏感性进行了更为深入的探究。

1.3.6　基于 Copula 熵的多目标优化

在第一阶段聚类分析结束之后，有必要进行第二阶段的多目标优化。在站网分组确定以后，假定原先 d 个站点组成的站网已经被分成了若干组，记为 G_1，G_2，$\cdots$，G_r（r 代表第 r 个站点组合）。为了将本章的方法阐述清楚，此处将第一个站点组合 G_1 作为推演多目标方法的基准组合，假设 G_1 包含了 k 个站点，于是定义 $G_1=[X_{G_{1_1}},X_{G_{1_2}},\cdots,X_{G_{1_k}}]$。$X_{G_{1_i}}$（$i=1$，2，$\cdots$，$k$）代表 G_1 组里面站点 i 的水文时间序列。1.3.5 节中提到的站网分类准则可以用来生成站点组合。相关变量定义如下：

假定 GC_v 为已经选好的由 v 个站点组成的最优站点集合，$GC_v=[X_{GC_1},X_{GC_2},\cdots,X_{GC_v}]$，同样假定集合 F 为备选的 w 个站点集合，$F=[X_{F_1},X_{F_2},\cdots,X_{F_w}]$。其中 $v+w=k$。在 GC_v 确定的前提下，$X_{GC_{v+1}}$ 由下式计算：

$$X_{GC_{v+1}}=\underset{F}{\arg\min}\left\{\left[\frac{1}{v}\sum_{i=1}^{v}-H_c(u_{GC_i},u_{F_j})\right],j=1,2,\cdots,w\right\}\quad(1.17)$$

式中：u_{GC_i}，u_{F_j} 分别为站点 GC_i 和 F_j 观测到的水文时间序列的累计概率分布函数；$H_c(u_{GC_i},u_{F_j})$ 为站对 X_{GC_i} 与 X_{F_j} 的 Copula 熵。

式（1.17）通过最小化站网冗余信息量反推出需要的最优站点组合。为了精简站点组合选择的过程，提出了以下的优选算法，实施步骤如下：

（1）初始化 GC_0，使其为空集。备选集合 F 包含 G_1 中所有的站点（$F=$

G_1）。

（2）以单站点边缘信息熵最大为准则确定中心站点。

（3）更新最优站点组合 GC_i 和备选集合 F。

（4）依据式（1.17）从集合 F 优选最优的站点。集合 F 中所有的站点都要遍历地访问一次。

（5）重复步骤（3）和步骤（4）。

k 种站点组合生成后再按照下列多目标函数对这些站点组合进行再优化：

$$
\begin{cases}
\min[\mathrm{TC}(GC_e)] = \min\left[-H_c(u_{GC_1}, u_{GC_2}, \cdots, u_{GC_e})\right] \\[2mm]
\max[\mathrm{JE}(GC_e)] = \max\left[\sum_{i=1}^{e} H(X_{GC_i}) + H_c(u_{GC_1}, u_{GC_2}, \cdots, u_{GC_e})\right] \\[2mm]
\min[\mathrm{PBIAS}(GC_e)] = \min\left(\dfrac{\sum_{t=1}^{n}|\mathrm{SA}_t - \mathrm{TA}_t|}{\sum_{t=1}^{n}\mathrm{TA}_t}\right)
\end{cases}
$$

$$(1.18)$$

式中：$\mathrm{TC}(GC_e)$ 为站点组合 GC_e 的总信息相关量；$\mathrm{JE}(GC_e)$ 为联合信息熵；$\mathrm{PBIAS}(GC_e)$ 为变量的绝对误差值；TA_t 为流域内变量的均值；SA_t 为优选站点组合下的对应变量均值。

对上述 3 个变量进行均一化处理：

$$\mathrm{TC}_i' = \frac{\mathrm{TC}_i - \mathrm{TC}_{\min}}{\mathrm{TC}_{\max} - \mathrm{TC}_{\min}} \quad i=1,2,\cdots,k \tag{1.19}$$

$$\mathrm{JE}_i' = \frac{\mathrm{JE}_i - \mathrm{JE}_{\min}}{\mathrm{JE}_{\max} - \mathrm{JE}_{\min}} \quad i=1,2,\cdots,k \tag{1.20}$$

$$\mathrm{PBIAS}_i' = \frac{\mathrm{PBIAS}_i - \mathrm{PBIAS}_{\min}}{\mathrm{PBIAS}_{\max} - \mathrm{PBIAS}_{\min}} \quad i=1,2,\cdots,k \tag{1.21}$$

3 个目标函数难以同时达到最理想的值，所以本书为了能够简化过程采用理想点法以及明可夫斯基（Minkowski）距离（Donckels et al.，2010）：

$$md(SO_i') = \sqrt{(\mathrm{TC}_i' - \mathrm{TC}_{\mathrm{IP}}')^2 + (\mathrm{JE}_i' - \mathrm{JE}_{\mathrm{IP}}')^2 + (\mathrm{PBIAS}_i' - \mathrm{PBIAS}_{\mathrm{IP}}')^2}$$

$$(1.22)$$

式中：$md(SO_i')$ 为最优组合的 Minkowski 距离，3 个指标的理想点定为 $\mathrm{TC}_{\mathrm{IP}}'=0$，$\mathrm{JE}_{\mathrm{IP}}'=1$ 和 $\mathrm{PBIAS}_{\mathrm{IP}}'=0$。

多目标优化求解一般借助于帕累托解集，但是帕累托解集常常拥有多种组合，与站网优化要优选出独一无二最优组合的这一核心思想违背，为此，理想点法的使用可以很好地解决以上的问题。

1.3.7　模型效果检验

为了检验站网优化模型的效果，主要采用以下 3 种模型校验指标评估最优的站点组合：①纳什效率系数（Nash-sutcliffe efficiency coefficient，NSE），主要评估最优站点组合下模拟序列与实测序列的差距，NSE 数值越接近 1 代表效果越好；②Copula 熵均值（mean value of negative copula entiopy，MNCE），量化站点组合中冗余信息量的多少，其值越小越好。③MNCE/NSE 值，是为了综合考虑两个指标的影响。

由于在进行站点优化检验时，难以做到遍历地考虑到所有可能的组合，例如 10 个站点中选 5 个就有 252 种可能的备选项。本章将以上最优站点组合下 3 个指标值和其他随机的组合进行了对比分析。

NSE 可以定义为

$$NSE = 1 - \frac{\sum_{t=1}^{n}(SA_t - TA_t)^2}{\sum_{t=1}^{n}(TA_t - \overline{TA})^2} \tag{1.23}$$

假定有站点组合有 D_g 个站点，那么对应的 MNCE 值可以定义为

$$MNCE = \frac{\sum_{i=1}^{D_g-1}\sum_{j=i+1}^{D_g}[-H_c(u_i,u_j)]}{(D_g-1)D_g/2} \tag{1.24}$$

1.4　基于 Copula 熵两阶段多目标水文站网优化实例分析

1.4.1　研究区域介绍和数据选取

研究区域一：上海市位于长江的入海口，地处太湖流域的东部边缘，面积达 $6340.5 km^2$。由于其气候特点属于亚热带季风气候，因此常年日照充分，雨热同季，降水充沛。选取上海地区 16 个典型站点的雨量站网进行实例验证，其具体的分布如图 1.2 所示。各站点收集到 2012 年的日雨量数据，

全年日照时间有 1886h，降水量为 1150mm±50mm。一年之中，雨量主要集中在汛期（6—9 月），按照雨量大于 50mm 为暴雨的标准，时常出现暴雨或者局部暴雨天气，对于区域内的站网进行优化设计可以大大减少站网布设和监测所花费的投资。

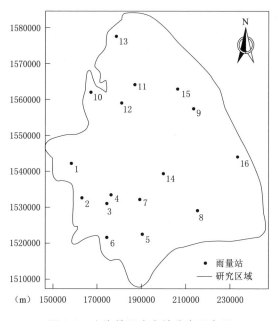

图 1.2   上海地区水文站分布示意图

研究区域二：为了对比分析基于 Copula 熵的多目标水文站网优化模型对于不同类型典型流域的优化效果，对伊洛河流域内的径流站网进行优化研究。伊洛河是伊河和洛河的简称，属于黄河的右侧支流。河流总长接近 450km，流域面积达 18881km^2。据观测资料记载，洛河最大流量达到了 7200m^3/s，年平均径流深正比于海拔高度，由西向东呈现递减的趋势，产流区多位于河谷沿岸地区，年平均输沙量较大。站网中的大部分站点都位于该水系的干流上，少量的站点分布在支流，如图 1.3 所示。

1.4.2   Copula 函数参数估计和优选

计算 CDIT 指标之前需要优选出拟合度较好的 Copula 函数以及对应的参数 θ 值。由于上海地区 16 个站点可以产生 120 个站对 $\left[\binom{16}{2}=\dfrac{16!}{(16-2)!\ 2!}\right]$，伊

图 1.3　伊洛河流域水文站点分布示意图

洛河流域 13 个站点可以产生 78 个站对 $\left[\dbinom{13}{2} = \dfrac{13!}{(13-2)!\ 2!}\right]$，考虑到篇幅的影响，分别选取两个流域 8 个站对的优选结果进行了展示，见表 1.1 和表 1.2。本章采用了半参数法进行 Copula 函数参数估计，利用交叉检验值 $\widehat{xv}_n$ 进行拟合优度检验，同时借助拟合优度统计值（S_n）进行对比分析，着重得出交叉检验标准对于不同流域的不同水文要素频率分析的可行性，最终拟合得到最优的联合分布形式。拟合优度统计值 S_n（Genest et al.，2009）是一种 Copula 函数拟合度检验的参数，其原则是拟合效果好的 Copula 函数往往具有较小的 S_n 值。本节通过与拟合优度统计值的对比分析，希望进一步证明交叉检验标准的合理性。

表 1.1　　　　上海地区 8 个站对的 Copula 函数参数估计和优选结果

站　对	Copula 函数	θ	$\widehat{xv}_n$	S_n	RMSE
	Clayton	**9.95**	**255**	**0.009**	**0.015**
1-8	Frank	18.60	247	0.008	0.020
	Gumbel	3.58	231	0.015	0.025
	Clayton	**14.92**	**198**	**0.011**	**0.021**
2-6	Frank	29.43	187	0.028	0.031
	Gumbel	6.01	192	0.031	0.035

站 对	Copula 函数	θ	$\widehat{xv}_n$	S_n	RMSE
3－5	**Clayton**	**13.80**	**159**	**0.109**	**0.016**
	Frank	27.40	129	0.151	0.020
	Gumbel	5.88	136	0.146	0.025
4－7	Clayton	21.98	225	0.023	0.038
	Frank	42.89	232	0.052	0.034
	Gumbel	**13.45**	**253**	**0.009**	**0.029**
9－10	**Clayton**	**8.40**	**109**	**0.115**	**0.023**
	Frank	17.48	97	0.25	0.031
	Gumbel	4.15	84	0.19	0.036
11－13	**Clayton**	**11.49**	**159**	**0.033**	**0.015**
	Frank	22.65	139	0.045	0.041
	Gumbel	4.61	147	0.052	0.058
12－14	**Clayton**	**13.64**	**86**	**0.023**	**0.016**
	Frank	25.60	77	0.045	0.039
	Gumbel	5.09	84	0.031	0.045
15－16	**Clayton**	**11.59**	**85**	**0.059**	**0.019**
	Frank	22.10	77	0.067	0.043
	Gumbel	4.42	53	0.069	0.050

注 黑体代表最优的拟合 Copula 模型。

表 1.2 伊洛河流域内 8 个站对的 Copula 函数参数估计和优选结果

站 对	Copula 函数	θ	$\widehat{xv}_n$	S_n	RMSE
6－7	Clayton	2.21	145	0.104	0.019
	Frank	**8.85**	**232**	**0.020**	**0.009**
	Gumbel	2.53	231	0.024	0.015
1－6	Clayton	0.74	145	0.156	0.015
	Frank	3.94	169	0.049	0.008
	Gumbel	**1.67**	**180**	**0.022**	**0.016**
3－7	Clayton	0.80	99	0.236	0.014
	Frank	4.65	111	0.101	0.013
	Gumbel	**1.91**	**117**	**0.046**	**0.005**

续表

站　对	Copula 函数	θ	$\widehat{xv}_n$	S_n	RMSE
2-5	Clayton	-0.08	205	0.028	0.018
	Frank	-1.11	212	0.042	0.020
	Gumbel	**1.67**	**223**	**0.021**	**0.008**
1-4	Clayton	0.35	67	0.32	0.021
	Frank	2.97	89	0.21	0.016
	Gumbel	**1.66**	**94**	**0.15**	**0.010**
5-12	Clayton	0.32	161	0.063	0.017
	Frank	1.65	179	0.051	0.022
	Gumbel	**1.22**	**187**	**0.049**	**0.012**
11-12	Clayton	0.53	56	0.080	0.014
	Frank	**3.0**	**67**	**0.015**	**0.010**
	Gumbel	1.38	64	0.031	0.023
4-9	Clayton	0.21	45	0.099	0.026
	Frank	1.56	47	0.080	0.021
	Gumbel	**1.32**	**55**	**0.070**	**0.014**

注　黑体代表最优的拟合 Copula 模型。

由表 1.1 和表 1.2 可知，最大化交叉检验值和最小化 S_n 值的拟合优选方法都能得出一致的最优 Copula 函数。图 1.4 和图 1.5 显示两种算例下经验分布和最优 Copula 函数的拟合效果，由图中可知，拟合优度检验得到的最优 Copula 累计概率与经验 Copula 的累积概率十分接近，也进一步证明采用半参数法进行 Copula 函数参数估计是合理的。如图 1.4 所示，上海地区的雨量站对 2-6、站对 4-7 和站对 9-10 相比于其余几个站对偏离经验 Copula 函数的趋势较为明显，同时也比伊洛河径流站间的模拟误差要大。

表 1.3 和表 1.4 的统计结果显示，对于上海地区雨量站网来说，Clayton Copula 拟合站点间的联合分布特性效果更好，而对伊洛河流域的径流站网来说却是 Frank Copula 和 Gumbel Copula 更加占优。综上可知，对于雨量站网和径流站网来说，半参数法和交叉检验标准可以准确地优选出合适的联合分布形态，不同要素下的水文站对之间的 Copula 结构会有一定的差异性，同时日雨量监测站对之间的 Copula 模拟效果比月径流量监测站对要差，这一点从 RMSE 值的大小对比就可以得到验证。

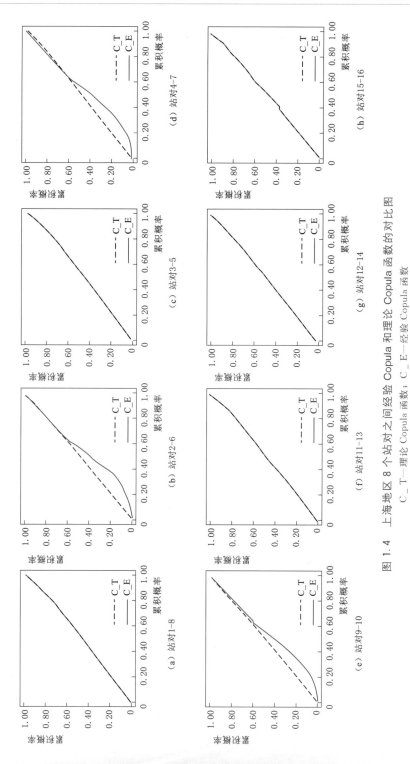

图 1.4　上海地区 8 个站对之间经验 Copula 和理论 Copula 函数的对比图

C_T—理论 Copula 函数；C_E—经验 Copula 函数

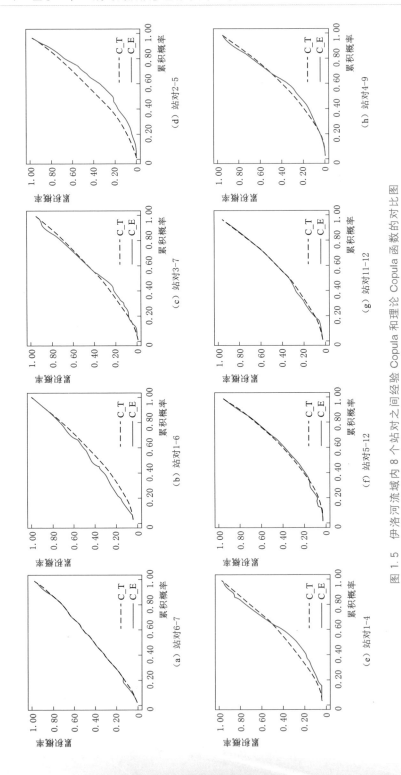

图 1.5　伊洛河流域内 8 个站对之间经验 Copula 和理论 Copula 函数的对比图

C_T—理论 Copula 函数；C_E—经验 Copula 函数

表 1.3　　　　　　　　　　　　上海地区站网内部各站对的最优 Copula 函数

站点	2	3	4	5	6	7	8	9	10	11	12	13	14	15	16
1	C	C	C	C	C	C	C	C	C	C	C	C	C	C	C
2		C	C	C	C	C	C	C	C	C	C	C	C	C	C
3			C	C	C	G	C	C	C	C	C	C	C	C	C
4				C	C	C	C	C	C	C	C	C	C	C	C
5					C	C	C	C	C	C	C	C	C	C	C
6						C	C	C	C	C	C	C	C	C	C
7							C	C	C	C	C	C	C	C	C
8								C	C	C	C	C	C	C	C
9									C	C	C	C	C	C	C
10										G	G	C	C	C	C
11											G	C	C	C	C
12												C	C	C	C
13													C	C	C
14														C	C
15															C

注　C 代表 Clayton Copula 函数；G 代表 Gumbel Copula 函数。

表 1.4　　　　　　　　　　　　伊洛河流域站网内部各站对的最优 Copula 函数

站点	2	3	4	5	6	7	8	9	10	11	12	13
1	F	G	G	G	G	G	G	G	G	G	G	G
2		F	G	F	F	F	F	F	F	F	F	F
3			G	F	G	G	G	G	G	G	G	G
4				G	G	G	G	G	C	G	G	G
5					G	G	G	G	G	G	G	G
6						F	G	G	F	G	G	G
7							G	G	F	F	G	F
8								G	F	F	F	G
9									F	F	F	G
10										F	F	G
11											F	G
12												G

注　F 代表 Frank Copula 函数；G 代表 Gumbel Copula 函数。

1.4.3   互信息估计方法的对比

由于本章采用的基于 Copula 熵的站网优化模型是以站网信息量达到最优为核心目标的，而互信息作为评价模型中最为关键的评价指标之一，它的准确估计关系到模型评价结果的准确性。所以在确定站网内部各站对之间的 Copula 函数模型之后，接下来按照式（1.14）计算二维的 Copula 熵，由式（1.12）和式（1.13）可知，Copula 熵的绝对值（absolute value of copula entropy）即等于互信息。由于本章采用 Copula 函数模拟二维变量的联合分布，之后利用 Copula 函数随机生成二维随机数进行 Copula 熵的计算，所以最终的 ACE 值只能视为互信息的一种估计值。前人常常采用直方图法估计互信息（Singh，1997），但是互信息的估计量总是受到离散化分组组数的影响，直方图法的预计参数 nbins（number of bins）需要谨慎选定（Valdes et al.，1975；Chapman，1986）。因此对比分析 Copula 熵法和直方图法两种互信息估计方法显得非常必要（图 1.6）。从图 1.6 中可知，两种算例下，直方图法

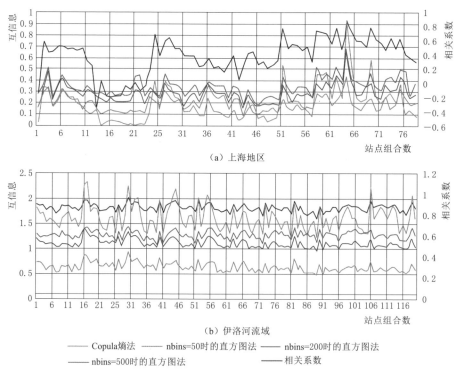

（a）上海地区

（b）伊洛河流域

——— Copula熵法 ——— nbins=50时的直方图法 ——— nbins=200时的直方图法
——— nbins=500时的直方图法 ——— 相关系数

图 1.6   上海地区和伊洛河流域站对间互信息估计对比分析图

得到互信息估计值伴随着参数 nbins 的增大而增大，而 Copula 熵法得到一个定值，不会受到参数 nbins 的影响，只是受限于 Copula 类型选定和参数的估计。直方图法确实受到了离散化分组组数的影响。同时也可以得出：尽管 Copula 熵法和直方图法得出的结果有差异，但是总的相对趋势还是基本一致的，两种方法计算得到的互信息量也和相关系数法有一致的发展趋势。综上所述，Copula 熵法和直方图法估计互信息的确存在着差异，Copula 熵法要略微好于直方图法。

为了能够显著区分 Copula 熵法和直方图法对于互信息估计效果的优劣，故实施了以下的仿真模拟实验。由于两变量假定都服从标准正态分布，那么其互信息（MI）的准确值可以按照式（1.25）计算得到

$$MI = -\frac{1}{2}\log_2(1-\rho^2) \tag{1.25}$$

式中：ρ 为变量间的相关系数。

所以随机生成了五维正态联合分布下的随机数以代表 5 个站点的数据，然后将 5 个站点的数据的相关系数从 0.1 到 0.9 变化，步长为 0.1，并分别采用直方图法和 Copula 熵法进行互信息的估计。两种方法的互信息估计如图 1.7 所示。从图 1.7 中可知，直方图法和 Copula 熵法的估计值都与真值曲

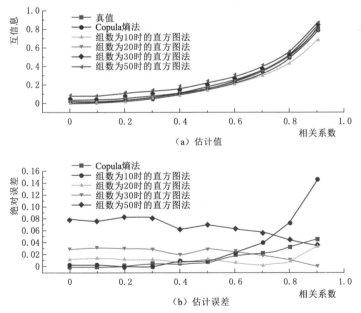

图 1.7　基于 Copula 熵法和直方图法的互信息估计值和估计误差分析图

线有相同的结构。相比于直方图法，Copula 熵法和真值曲线更为接近。图中直方图法估计得到的互信息量随着 k 值的变化而变化（$k=$ nbins），这与之前的结论相一致。从图 1.7（b）中绝对误差值的比较也可以发现，Copula 熵法估计的误差线（图中的红线）总体上要低于直方图法估计的误差线。除去 $k=10$ 的误差线，其余的误差线都呈现如下的规律：误差值随着相关系数的增大而减小，也表明了相关系数越大，两种方法得到的互信息估计量越接近于真值，进一步表明相关系数可以作为考察互信息的重要参数。

1.4.4　基于 Copula 熵模型的优化分析

1.4.4.1　第一阶段分组

随着各站对下的 Copula 熵确定之后，依据式（1.15）得到 CDIT 指标（表 1.5 和表 1.6）。不同于互信息的对称性，CDIT 指标存在着一定的非对称性，即满足 $CDIT_{ij} \neq CDIT_{ji}$，由表 1.5 和表 1.6 中 CDIT 计算结果也可以发现这一结论。以表 1.5 中上海地区两个极端站对间的 CDIT 指标为例，站点 5 和站点 6 组成的站对 1 具有较大的 CDIT 值（$CDIT_{5-6}=5.49$，$CDIT_{6-5}=5.09$），而站点 9 与站点 10 组成的站对 2 拥有较小的 CDIT 值（$CDIT_{9-10}=3.07$，$CDIT_{10-9}=1.75$）。按照 1.3.5 节的分组原则，站对 1 比站对 2 显示出更强的相依性，而实际计算得到站对 1 的相关系数（0.9）的确大于站对 2 的相关系数（0.3）。由式（1.16），上海地区的阈值 TH 为 3.88，而伊洛河的阈值为 0.25，并依据分类准则进行分组。对应的 CDIT 指标大于阈值，代表站点间的相关性较强，可以划分为一组；反之，如果小于阈值，则认为是相互独立的，应当划分到不同两组。依据阈值与 1.3.5 节的分组原则可以将原先上海地区 16 个站点组成的站网分成 4 组（图 1.8），伊洛河 13 个站点分成 5 组，且各组之间是相互独立的。图 1.8 中的箭头表明站点的信息量可以被另一个站点推断得到，不存在信息传递量的站点之间没有信息箭头。结合图 1.8、表 1.5 和表 1.6 可知，冗余信息量与各组之间信息传递的箭头数量成正比。

为了对比分析基于 Copula 熵的 CDIT 指标分组方法、基于直方图的 DIT 分组方法的差异性［具体的 DIT 指标分组方法参考（Yang et al.，1994）］，本节又计算了 nbins=50 和 nbins=100 时直方图法的分组结果（图 1.9）。基于直方图法的 DIT 分组方法得出的分组组数并未发生实质性变化，最终聚类得到的站点组数也不会随着直方图法组距的变化而发生改变。但是各聚类得到的组内站点编号却发生了改变。由上文可知，信息箭头个数代表了信息传递强度量，DIT 指标法受到分组组距的影响，站点间的信息传递强度量随着组距的变化而得到一定的弱化。所以，CDIT 指标法得出的组内站点间信息传递强度明显优于基于直方图的 DIT 指标法。不同的 nbins 得出每组内不同的站点组合，同时也可以得出直方图法还是受到了 nbins 取值的影响。这也在一定程度上说明了基于 Copula 熵的 CDIT 指标的合理性。

表 1.5　　　　　　　　　　上海地区各站对间的 CDIT 指标

站点	1	2	3	4	5	6	7	8	9	10	11	12	13	14	15	16
1	NA	**4.13**	3.87	**3.93**	3.48	3.65	3.6	3.37	3.24	3.66	3.8	**3.97**	3.51	3.66	3.27	3.61
2	**4.44**	NA	**5.56**	**5.72**	**4.23**	**4.46**	**4.39**	3.74	3.44	3.36	**3.97**	**4.04**	3.22	**4.46**	3.28	**4.23**
3	3.62	**4.85**	NA	**4.78**	3.76	**4.23**	**4.31**	3.48	2.94	3.37	3.31	2.82	**4.19**	2.81	3.66
4	**4.02**	**5.45**	**5.23**	NA	**4.33**	**4.78**	**5.07**	**4.15**	3.56	3.33	**3.88**	**3.91**	3.22	**4.73**	3.38	**4.25**
5	**4.03**	**4.57**	**4.65**	4.9	NA	**5.49**	**5.04**	**4.34**	3.79	3.52	3.82	**4.07**	3.49	**4.76**	3.7	**4.12**
6	**3.91**	**4.46**	**4.85**	**5.02**	**5.09**	NA	**4.32**	**4.22**	3.79	3.16	3.72	**3.9**	3.17	**4.67**	3.47	**4.29**
7	3.52	**4.00**	**4.50**	**4.84**	**4.25**	3.93	NA	3.68	3.32	3.09	3.45	3.47	2.74	**4.34**	3.15	3.71
8	**4.01**	**4.14**	**4.43**	**4.82**	**4.46**	**4.68**	**4.48**	NA	3.85	3.41	**4.00**	**4.23**	3.35	**4.95**	3.82	4.39
9	3.24	3.20	3.14	3.48	3.28	3.24	3.39	3.24	NA	3.07	3.66	3.78	3.12	3.69	**4.04**	**4.23**
10	2.09	1.79	1.71	1.86	1.74	1.68	1.81	1.64	1.75	NA	2.09	2.13	1.87	1.82	1.70	1.71
11	3.80	3.70	3.60	3.79	3.3	3.47	3.5	3.76	3.65	NA	5.07	3.65	3.94	4.21	4.04
12	**4.26**	**4.04**	3.79	**4.10**	3.77	**3.90**	3.81	3.82	**4.05**	**4.00**	5.44	NA	3.95	**4.27**	**4.59**	**4.20**
13	**4.82**	**4.13**	**4.15**	**4.33**	**4.14**	**4.06**	3.86	3.87	**4.28**	**4.50**	5.02	5.06	NA	**4.12**	**4.65**	**4.11**
14	3.75	**4.26**	**4.58**	**4.73**	**4.21**	**4.45**	**4.54**	**4.26**	3.77	3.26	**4.03**	**4.07**	3.07	NA	3.75	**4.84**
15	3.43	3.2	3.14	3.46	3.35	3.39	3.37	3.16	**4.23**	3.12	**4.41**	**4.48**	3.54	3.83	NA	3.84
16	**4.18**	**4.57**	**4.53**	**4.81**	**4.12**	**4.63**	**4.40**	**4.27**	**4.90**	3.46	**4.68**	**4.53**	3.46	**5.48**	**4.25**	NA

注　NA 代表站点与其自身没有信息传递量（CDIT）；黑体代表较强的信息传递量。

表 1.6　　　　　　　　　　伊洛河流域各站对间的 CDIT 指标

站点	1	2	3	4	5	6	7	8	9	10	11	12	13
1	NA	0.04	**0.53**	**0.43**	0.2	0.21	**0.43**	**0.33**	**0.34**	0.2	0.21	0.15	0.13
2	0.12	NA	0.17	0	0.12	0.13	0.12	0.22	0.11	0.21	0.2	0.21	0.18
3	**0.45**	0.18	NA	0.16	**0.51**	0.19	**0.48**	**0.46**	**0.32**	**0.31**	0.16	0.16	0.23

续表

站点	1	2	3	4	5	6	7	8	9	10	11	12	13
4	**0.39**	0.19	0.15	NA	0.11	0.11	0.23	0.15	0.15	0.11	0.09	0.18	0.06
5	0.16	0.03	0.38	0.08	NA	0.07	0.15	0.18	0.07	0.09	0.03	0.05	0.07
6	0.22	0.07	0.17	0.11	0.09	NA	**0.64**	0.24	0.21	0.24	0.24	0.18	0.19
7	**0.38**	0.05	**0.51**	0.23	0.19	**0.63**	NA	**0.63**	**0.58**	**0.59**	0.22	0.21	0.22
8	0.22	0.14	0.23	0.13	0.19	0.2	**0.45**	NA	**0.93**	**0.54**	0.23	0.22	0.24
9	0.23	0.21	0.23	0.15	0.18	0.24	**0.52**	**1.08**	NA	**0.89**	0.24	0.23	0.25
10	0.23	0.02	0.24	0.11	0.11	0.23	**0.64**	**0.72**	**0.77**	NA	0.24	0.22	**0.58**
11	0.19	0.11	0.06	0.04	0.12	0.18	0.12	0.13	0.21	0.19	NA	0.06	0.17
12	0.16	0.11	0.16	0.17	0.23	0.17	0.21	0.13	0.18	0.19	0.15	NA	0.24
13	0.15	0.23	0.19	0.21	0.24	0.14	0.13	0.13	0.13	**0.28**	0.17	0.15	NA

注　NA 代表站点与其自身没有信息传递量（CDIT）；黑体代表较强的信息传递量。

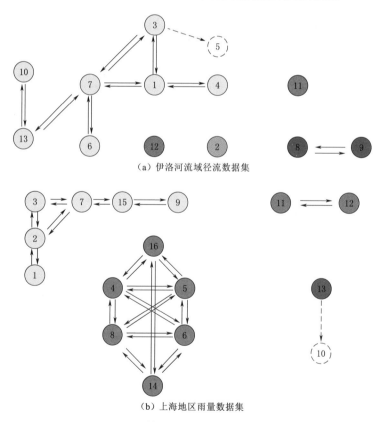

（a）伊洛河流域径流数据集

（b）上海地区雨量数据集

图 1.8　基于 CDIT 指标的分组结果

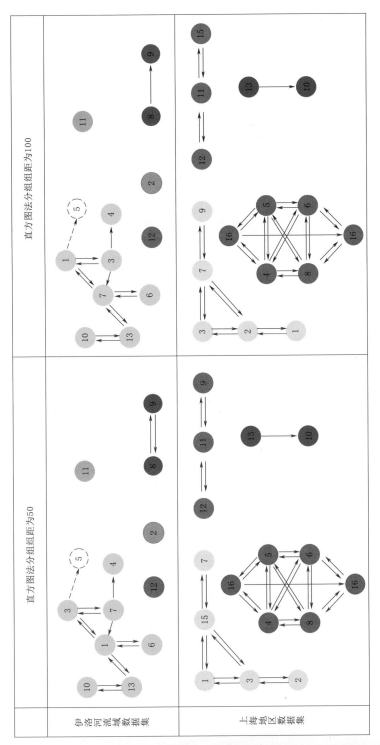

图 1.9 不同分组组距下直方图法分组结果

1.4.4.2　第二阶段多目标优化

由第一阶段的分组结果可知，对于伊洛河流域，(13,4,10,6,1,3,5,7)组成了站点数最多的组别，命名为 1-1。而上海地区站点数较多的组别为 (3,15,1,9,7,2) 和 (8,16,4,14,6,5)，分别设定为 2-1 和 2-2。对这三个子集分别作第二阶段的 Copula 熵多目标优化分析。利用 Copula 熵计算多目标函数之前需要拟合最优的高维 Copula 函数，具体结果见表 1.7。为了进一步显示备选 Copula 的模拟误差，表中也增加了经验 Copula 和理论 Copula 的均方根误差值（RMSE）。由表 1.7 可知，对于伊洛河流域聚类子集，在多维的情形下 Gumbel Copula 模型拟合效果较好，交叉检验值也随着维数的增大而变大。可以发现，上海地区多维 Copula 模拟误差值在等维数条件下比伊洛河流域的多维 Copula 模拟误差要大，同时均方根误差值随着维数的增大而逐渐增大，表明基于阿基米德 Copula 函数对于高维联合分布的模拟不确定性较大。

表 1.7　　　　　　　　　聚类子集的多维 Copula 函数拟合结果

组别		站　点　组　合	θ	S_n	Copula	RMSE
1-1	1	(13,4)	0.35	0.06	F(dim=2)	0.02
	2	(13,4,6)	1.09	0.069	G(dim=3)	0.08
	3	(13,4,6,3)	1.21	0.103	G(dim=4)	0.13
	4	(13,4,6,3,10)	1.26	0.174	G(dim=5)	0.17
	5	(13,4,10,6,1,3)	1.30	0.174	G(dim=6)	0.23
	6	(13,4,10,6,1,3,5)	1.27	0.181	G(dim=7)	0.36
	7	(13,4,10,6,1,3,5,7)	1.21	0.212	G(dim=8)	0.48
2-1	1	(3,15)	8.12	0.04	C(dim=2)	0.03
	2	(3,15,1)	8.45	0.14	C(dim=3)	0.15
	3	(3,15,1,9)	8.61	0.19	C(dim=4)	0.21
	4	(3,15,1,9,7)	8.83	0.21	C(dim=5)	0.32
	5	(3,15,1,9,7,2)	8.74	0.28	C(dim=6)	0.44
2-2	1	(8,16)	11.72	0.07	C(dim=2)	0.04
	2	(8,16,4)	11.41	0.13	C(dim=3)	0.20
	3	(8,16,4,14)	12.07	0.29	C(dim=4)	0.28
	4	(8,16,4,14,6)	10.42	0.31	C(dim=5)	0.31
	5	(8,16,4,14,6,5)	10.54	0.38	C(dim=6)	0.43

注　F 代表 Frank Copula 函数；G 代表 Gumbel Copula 函数；C 代表 Clayton Copula 函数；dim 代表维数。

　　在确定了多维的 Copula 函数模型之后，需要进行多目标的指标计算从而得出最优站网布置方案。其中多目标优化结合了 Minkowski 距离公式将多目标问题转化成单一目标化问题，达到简化分析的目的。传统的解决多目标优化的问题主要依赖于对帕累托最优解集的求解，但是帕累托解法拥有如下的特征：当一种解集变换到另一种解集时，只是一味地通过弱化一种目标函数而去优化另一种目标函数的思路来逼近最优解集，只有在帕累托边界上的解才能作为最优解集，这些解集没有目标函数冲突，可以作为较好的选择方案。由于帕累托解集的最优站点组合可能有多种方案，而水文站网优化目标是为了获得一个独一无二的站点组合，这在一定程度上限制了帕累托法在本章的适用性，并且随着目标函数的增多，帕累托求解难度增大。为此，本模型在第二阶段的多目标优化中采用了理想点法，即依托于 Minkowski 距离公式求解最优站点组合。

　　图 1.10 反映了不同站点组合下目标函数趋势分析，其中 PBIAS 表征了站网内部水文变量的绝对误差效率，其值在理想情形下接近于零；JE 为联合信息

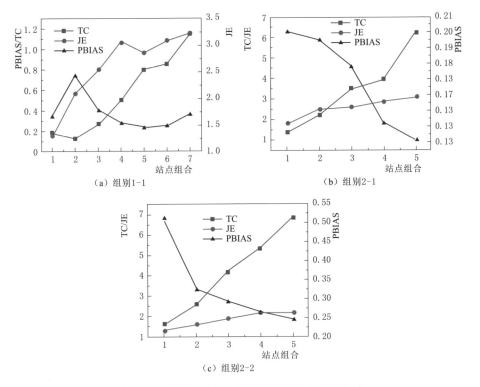

（a）组别1-1　　　（b）组别2-1

（c）组别2-2

图 1.10　不同站对组合下目标函数的变化趋势图

熵，表征了站网内部总信息量，其理想值越大越好；TC 为总相关量，其值代表了站网内部冗余信息量，最优的站网应当具有最小的冗余信息量、最小的绝对误差率和最大的总信息量。显而易见，3 个目标函数无法同时达到各自最理想的状态，所以需要利用理想点法找到相对最优的方案。总的来看，随着站点数目的不断增多，站点组合的 3 个目标函数，PBIAS、JE 和 TC 值都趋于最优值。随着站点组合中站点数目的增多，总相关量（TC）在大多数情形下会增大，除了在伊洛河站点组合（4，6，13）发生了突变。PBIAS 目标函数则呈现了减弱的趋势，这也表明随着站点数目的增多，系统内部水文变量的绝对误差率会减弱。总相关量（TC）和站网的信息总量（JE）随着站点数目增大而增大，站网系统的水文绝对误差率（PBIAS）随着站点数目增大而减少。以站点组合（4，6，13）为例，当 TC＝0.121，是所有站点组合中最小值时，JE＝2.084 并未达到最大值，而 PBIAS＝0.7489 并不是最小值。可见利用理想点法寻找最优的站点组合是可行且合理的。表 1.8 中组别 1－1 的最优站点组合为（13，4，6，3，10），组别 2－1 的最优组合为 {3，15，1，9，7}，组别 2－2 为 {8，16，4，14}。

表 1.8　　　　　　　　　　多目标优选结果

组别	站　点　组　合	TC	JE	PBIAS	TC′	JE′	PBIAS′	$md(SO_i')$
	（13，4）	0.176	1.294	0.3477	0.05	0.00	0.21	1.02
	（13，4，6）	0.121	2.084	0.7489	0.00	0.41	1.00	1.16
	（13，4，6，3）	0.270	2.550	0.4078	0.15	0.65	0.33	0.50
1－1	**（13，4，6，3，10）**	**0.507**	**3.070**	**0.2847**	**0.38**	**0.92**	**0.09**	**0.40**
	（13，4，10，6，1，3）	0.795	2.845	0.2421	0.66	0.81	0.00	0.69
	（13，4，10，6，1，3，7）	0.852	3.089	0.2515	0.71	0.93	0.02	0.71
	（13，4，10，6，1，3，7，5）	1.146	3.215	0.3652	1.00	1.00	0.24	1.03
	（3，15）	1.319	1.778	0.2004	0	0	1	1.41
	（3，15，1）	2.173	2.457	0.1952	0.17	0.55	0.92	1.04
2－1	（3，15，1，9）	3.462	2.608	0.1787	0.44	0.67	0.69	0.88
	（3，15，1，9，7）	**3.910**	**2.848**	**0.1423**	**0.53**	**0.86**	**0.16**	**0.57**
	（3，15，1，9，7，2）	6.209	3.021	0.1309	1	1	0	1
	（8，16）	1.623	1.323	0.5114	0	0	1	1.41
	（8，16，4）	2.577	1.602	0.3246	0.18	0.32	0.30	0.77
2－2	**（8，16，4，14）**	**4.168**	**1.837**	**0.2926**	**0.49**	**0.59**	**0.18**	**0.66**
	（8，16，4，14，6）	5.342	2.177	0.2647	0.71	0.97	0.07	0.72
	（8，16，4，14，6，5）	6.835	2.200	0.2454	1	1	0	1

注　组别 1－1 代表伊洛河流域子集；组别 2－1 和组别 2－2 代表上海地区子集；黑体代表最优站点组合。

得益于以 Copula 熵为基础的信息导向指标和站网分类方法的实施，在某种程度上将复杂的高维多目标优化问题简化为低维的多目标优化问题，而且理想点法的思想也很好地解决了帕累托解集求解的困难。第一阶段中伊洛河流域站网被分为了 5 组，上海地区有 4 组，组别之间的站点相互独立，所以结合多目标优化的结果可以得出，伊洛河流域最佳站点组合为（2,3,4,6,8,9,10,11,12,13），而上海地区为（1,3,4,7,8,9,10,11,12,13,14,15,16）。伊洛河流域由原先的 13 个站点删减为 10 个站点，上海地区则精简为 13 个站点。所以基于 Copula 熵的两阶段多目标优化模型可以达到站网内部站点精简的目标，能够优选出信息总量最大、冗余信息量最小、水文变量绝对误差最小的站点组合。

1.4.5   Copula 熵模型的效果评价

为了探讨基于 Copula 熵的两阶段多目标优化模型得出的站点组合的合理性，本节采用了 3 个模型评价指标进行综合评估，具体结果如图 1.11 所示。其中 NSE 为纳什效率系数，表明已选最优站网对于流域的模拟效果的优劣，越接近于 1 效果越好。MNCE 为站网内部均值互信息，其值越小，表

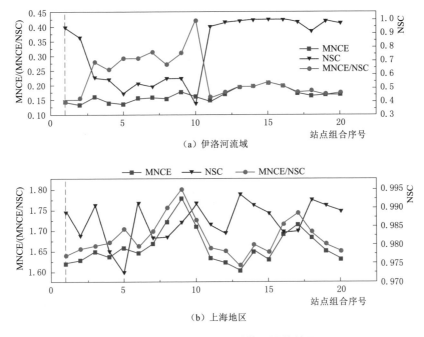

（a）伊洛河流域

（b）上海地区

图 1.11   不同站点组合的效果评价结果

征站网内部的冗余信息量越小，站点组合最优。随机选取 20 种站点组合和最优的站点组合做对比分析，图 1.11 中红色虚线所在的站点组合是最优的站点组合，即（2,3,4,6,8,9,10,11,12,13）和（1,3,4,7,8,9,10,11,12,13,14,15,16）。通过分析可知：

（1）最优站点组合的 NSE 指标接近于 1，相比于其他站点组合，模型优选出来的组合还是占优的。

（2）最优站点组合的 MNCE 指标小于 0.15，相比其他站点组合的 MNCE 值，最优站点组合呈现出较小的冗余信息量。

（3）站点组合无法同时满足 MNCE 最大和 NSE 最小，为此需要计算第 3 个指标值（MNCE/NSE）。

伊洛河流域的最优站网对比结果表明，NSE 值变化范围为（0.4,0.9），而上海地区的变化范围为（0.9,0.995），NSE 范围的不同是由于两个数据集的时间序列长度变化导致的。不管是伊洛河算例还是上海地区算例，最优站点组合都能显示出较大的 NSE 值、较小的 MNCE 值，表明最优站点组合是优于其他组合的。

综上所述，基于 Copula 熵的两阶段多目标优化模型对于水文站网的优化结果是可靠有效的。

1.5　本章小结

本章采用基于 Copula 熵法的两阶段多目标优化模型，对伊洛河流域径流站网和上海地区雨量站网进行研究，探讨了模型应用的可行性和有效性，并着重分析了 Copula 熵模型的运行不确定性受到样本自相关性、Copula 函数选取以及阈值选定等因素的影响，得出如下结论：

（1）由于 Copula 函数对于独立同分布假设的要求，所以对于原始数据进行自相关检验非常有必要，这样可以减小后续 Copula 函数模拟误差。这一点也是在 Copula 函数模拟之前最为关键的一步。

（2）采用半参数法进行 Copula 参数估计过程中主要依赖于经验分布函数而非参数法更加强调相关系数的计算。依据最大交叉检验值对应于拟合效果好的 Copula 函数这一准则，半参数法比非参数法能得出较大的交叉检验值，拟合效果较好。所以半参数法在一定程度上优于非参数法。

（3）多站点组合下的 Copula 函数模拟结果表明，椭圆 Copula 函数比阿基米德 Copula 函数更加适合多维情形下的联合概率分布模拟。但是随着站点数的增多，高维 Copula 函数模拟的不确定性也逐步增大，这在某种程度限制了本章建立的 Copula 熵的站网优化模型在高密度站网优化中的应用。

（4）基于 Copula 熵的站网评价模型主要解决了传统的非参数估计法对于互信息、总相关量的估计误差大的问题，但是该模型的使用也要特别注重样本的自相关检验、Copula 函数的准确拟合以及基于 CDIT 指标的阈值选定。

第2章

基于多维 Copula 的水文站对模拟研究

2.1　引言

对水文站点相关性研究是进行水文站网优化的重要前提和理论依据。本章针对水文站点间的相关性研究，提出一种基于 Copula 函数理论的相关性量化模型。着重讨论了阿基米德 Copula 函数（Gumbel、Frank、Clayton）、椭圆类 Copula 函数（Normal，t student）以及混合 Copula 函数对于各站之间联合分布的模拟效果。对比了采用半参数法和非参数法进行 Copula 参数估计时的效果，还对比了常用的拟合优度检验的方法（主要是 AIC 法和交叉检验法），分析结果显示，半参数法较为合理地利用了经验分布函数拟合边缘分布，相对于非参数法能够优选出更为合适的 Copula 函数类型。

近年来，全球气候变暖加剧了极端天气和水资源短缺等现象的出现，科学家们开展监测水资源供给量、预测干旱天气和预报洪水等一系列研究比 30 多年前显得尤为困难。这些受影响的区域主要集中在非洲、拉丁美洲和亚洲。现阶段水文站网的数据体量并没有达到监测和解释自然生态系统变化的高度。世界气象组织曾指出，水文站网设计应当从水文不确定性的减少、相关的预算和用户需求等角度出发。人口和人均用水量的不断增长也迫切地需要建立一个合理有效的水文站网，从而能够为水资源管理和决策提供有力的数据支持。水文站网的研究常常定义为一系列为了特定的单个目标或者多目标的数据的搜集活动，为此开展多个站点间的相关性分析显得尤为重要。

Copula 函数易于刻画多变量间的相依性结构，能够准确量化多站点间的相关程度。它的主要优势在于边缘分布和多维联合分布可以独立开展，联合分布可以基于伪观测值的计算，这给予了单变量拟合和联合概率分布函数拟合很大的自由度，因此 Copula 函数已经在水文领域的多变量分析中得到了广泛的运用（Genest et al.，2007；Gennaretti et al.，2015；林娴 等，2017；）。Song et al.（2010a）基于三维 Plackett Copula 对干旱相关特征变量建立三维联合分布函数，有效地模拟了渭河流域的径流数据。Radi et al.（2017）利用多维偏态 t Copula 函数模拟了空间分布特征，并利用最优的 Copula 函数生成雨量模拟数据。Serinaldi（2009）基于二维 Copula 混合分布建立了多站点的马尔科夫模型，并生成日雨量序列。Rauf et al.（2014）对比了多种 Copula 函数方法模拟降水特征变量的分布特性，并发现非参数法比参数法得出较好的模拟效果。Amiratee et al.（2017）利用 7 种 Copula 函数对干旱特征变量进行联合分布模拟，选用了 AIC、BIC 和 RMSE 准则优选了最恰当的 Copula 函数。Erhardt et al.（2017）基于 vine Copula 拟合多维变量（$d>3$）情形下的联合分布函数，并发现非参数高斯相依结构在现实世界中也能得到应用。常见的水文变量观测数据存在一定的非平稳性，利用传统模型进行模拟之前需要变换原始数据，这样做会使得后续的模拟数据超出模拟边界。半参数 Copula 估计方法无须预先假定边缘分布，能够脱离边缘分布假定的束缚，定量地刻画变量间的相依性关系。Salvadori et al.（2011）建立了多维极值（multivariate extreme value，MEV）Copula 模型，并提出了多维 Copula 函数下的参数估计方法，拓展了新的站点聚类方法。

本章采用的多维 Copula 函数站点相关性分析模型可以简化为两个阶段：①半参数法估计 Copula 函数的参数，非参数法只是作为参数估计方法的参照以显示半参数法的效果；②二维 Copula 函数甚至多维 Copula 函数的优选，进而得出定量描述站点间相关性的 Copula 模型。

2.2 基于 Copula 函数的多变量相关性分析理论

本节主要介绍 Copula 函数的基本概念、参数估计方法和拟合优度检验方法。

2.2.1 Copula 函数参数估计

假定 $[X_1,X_2,\cdots,X_d]$ 是一个 d 维的离散型随机变量数组，其联合概率密度函数为 $p(x_1,x_2,\cdots,x_d)$，变量 X_1，X_2，$\cdots$，X_d 对应的边缘密度函

数分别为 $p(x_1)$，$p(x_2)$，$\cdots$，$p(x_d)$。根据 Sklar's 理论，Copula 是决定多维变量的联合分布特征的连接函数。存在这样的多维 Copula 函数（Grobmab，2007），使得

$$P(x_1,x_2,\cdots,x_d)=C[P(x_1),P(x_2),\cdots,P(x_d);\theta] \qquad (2.1)$$

式中：$P(\cdot)$ 函数为多维累计联合分布函数（cumulative distribution function，CDF）；$P_{(x_i)}$ 为单变量 X_i 的边缘分布函数；θ 为 Copula 参数值。

基于式（2.1），Copula 函数的选定首先在于确定参数 θ。Copula 参数的计算方法可以按照两个阶段进行，可以归纳为边缘函数推断法和半参数法。边缘函数推断法（inference function for marginal method，IFM）首先需要确定边缘分布参数 β_i，然后求解 Copula 参数，具体如下：

（1）基于极大似然函数进行边缘分布参数 β_i 的估计：

$$L(\beta_i)=\sum_{t=1}^{n}\log_2 p(x_{it};\beta_i) \quad i=1,2,\cdots,d \qquad (2.2)$$

（2）建立 Copula 对数似然函数求得参数 θ：

$$\theta_{\text{IFM}}=\underset{\theta\in\Theta}{\arg\max}\left\{\frac{1}{n}\sum_{t=1}^{n}\log_2 c[p(x_{1t}),\cdots,p(x_{dt});\theta]\right\} \qquad (2.3)$$

式中：x_{it} 代表变量 x_i 的第 t 个样本观测值。

由于边缘函数推断法受制于边缘分布，需要进行预先假定，主观推断性较强，缺乏对原有时间序列的真实再现，因此 Grobmab（2007）认为半参数法（semiparametric，SP）使用边际分布的非参数估计量（经验分布函数），然后用最大似然法估计 Copula 参数，类似于 IFM 法，具体可以分为以下两步：

（1）边际分布的非参数估计量：

$$\hat{P}_i(x)=\frac{1}{n+1}\sum_{t=1}^{n}1(X_{it}\leqslant x) \quad \forall\, i=1,2,\cdots,d \qquad (2.4)$$

（2）Copula 参数求解：

$$\hat{\theta}_{\text{SP}}=\underset{\theta\in\Theta}{\arg\max}\left\{\frac{1}{n}\sum_{t=1}^{n}\log_2 c[\hat{P}_1(x_{1t}),\cdots,\hat{P}_d(x_{dt});\theta]\right\} \qquad (2.5)$$

2.2.2　Copula 函数拟合优度检验

常见的 Copula 函数有阿基米德 Copula 函数、椭圆 Copula 函数。阿基米德 Copula 函数又可分为 Clayton Copula 函数、Frank Copula 函数和 Gumbel

Copula 函数；而椭圆 Copula 函数分为 t – Copula 函数和 Normal（Gaussian） Copula 函数。

假定 u_i，u_j 分别为对应变量 X_i 和 X_j 的边缘分布函数，那么可以得出：

（1）二维的 Clayton Copula 函数：

$$C^C(u_i,u_j;\theta)=(u_i^{-\theta}+u_j^{-\theta}-1)^{-\theta^{-1}} \tag{2.6}$$

（2）二维的 Frank Copula 函数：

$$C^F(u_i,u_j;\theta)=-\frac{1}{\theta}\log_2\left[1+\frac{(e^{-\theta u_i})(e^{\theta u_j})}{e^{-\theta}-1}\right] \tag{2.7}$$

（3）二维的 Gumbel Copula 函数：

$$C^G(u_i,u_j;\theta)=\exp\left\{-\left[(-\log_2 u_i)^\theta+(-\log_2 u_j)^\theta\right]^{\frac{1}{\theta}}\right\} \tag{2.8}$$

（4）二维 Normal Copula 函数：

$$C^N(u_i,u_j;\rho)=\int_{-\infty}^{\Phi^{-1}(u_i)}\int_{-\infty}^{\Phi^{-1}(u_j)}\frac{1}{2\pi\sqrt{(1-\rho^2)}}\times\exp\left[-\frac{s_i^2-2\rho s_i s_j+s_j^2}{2(1-\rho^2)}\right]ds_i ds_j \tag{2.9}$$

（5）二维 t – Copula 函数：

$$C^t(u_i,u_j;\nu,\rho)=\int_{-\infty}^{t_\nu^{-1}(u_i)}\int_{-\infty}^{t_\nu^{-1}(u_j)}\frac{1}{2\pi\sqrt{(1-\rho^2)}}$$
$$\times\left[1+\frac{s_i^2-2\rho s_i s_j+s_j^2}{\nu(1-\rho^2)}\right]^{-(\nu+2)/2}ds_i ds_j \tag{2.10}$$

式（2.9）与式（2.10）中：ρ 为对应的 Copula 函数参数，等同于式（2.6）～式（2.8）中的参数 θ；$\Phi^{-1}(\cdot)$ 为特征函数 $\Phi(\cdot)$ 的反函数；ν 为自由度。

由于以上 5 种 Copula 函数类型都是对称 Copula 函数的代表，对于非对称的尾部相关性分析存在一定的局限性，有必要引入以下混合 Copula 函数来描述非对称 Copula 函数。

（1）Clayton Copula 函数与 Gumbel Copula 函数混合：

$$C^{CG}(u_i,u_j;\theta_1,\theta_2,\lambda)=\lambda C^C(u_i,u_j;\theta)+(1-\lambda)C^G(u_i,u_j;\theta) \tag{2.11}$$

（2）Clayton Copula 函数和生存（Survival）Clayton Copula 函数混合：

$$C^{C\tilde{C}}(u_i,u_j;\theta_1,\theta_2,\lambda)=\lambda C^C(u_i,u_j;\theta)+(1-\lambda)C^{\tilde{C}}(u_i,u_j;\theta) \tag{2.12}$$

（3）生存 Gumbel Copula 函数和生存 Clayton Copula 函数混合：

$$C^{\tilde{G}\tilde{C}}(u_i,u_j;\theta_1,\theta_2,\lambda)=\lambda C^{\tilde{G}}(u_i,u_j;\theta)+(1-\lambda)C^{\tilde{C}}(u_i,u_j;\theta) \tag{2.13}$$

式中，$C^{\tilde{C}}(\cdot)$ 为对应的生存 Clayton 函数，由式（2.11）～式（2.13）可知，非对称 Copula 函数就是不同的阿基米德 Copula 函数的线性组合。

基于以上几种 Copula 函数，从中选出最优 Copula 函数的过程称为拟合优度检验（goodness - of - fit tests，GOF）。常见的拟合优度检验方法有：拟合优度统计参数（S_n）、对数似然值（log - likelihood value，L - L）、交叉检验标准（cross - validation criterion）、Akaike 信息准则（akaike information criterion，AIC）（Genest et al.，2009）。本节着重介绍交叉检验法和 AIC 准则。

交叉检验法依赖于验证对数似然值（crossvalidated log likelihood）$\widehat{xv}_n$，定义为

$$\widehat{xv}_n = n^{-1} \sum_{i=1}^{n} \log_2 c\left[\hat{P}_n(x_i),\hat{\theta}_i\right] \tag{2.14}$$

式中：$\hat{\theta}_i$ 为根据式（2.3）得出的参数估计值；$\widehat{xv}_n$ 的推导可以参考相关文献（Gronneberg et al.，2014）。

Chen et al.（2006）使用了 AIC 准则优选 Copula 函数，具体可以定义为

$$\text{AIC} = -2l(x_i,x_j;\hat{\theta}) + 2q \tag{2.15}$$

其中

$$l(x_i,x_j;\hat{\theta}) = \sum_{t=1}^{n} \log_2 c\left[\hat{P}_{X_i}(x_{it}),\hat{P}_{X_j}(x_{jt});\theta\right] \tag{2.16}$$

式中：$l(x_i,x_j;\hat{\theta})$ 为伪对数似然值；q 为参数的个数。

较小的 AIC 值表明 Copula 函数的拟合效果较好。

为了显示半参数法进行 Copula 函数的识别效果，又研究了非参数法对 Copula 函数的模拟过程，从而将两种参数估计的方法进行对比分析。

2.3　渭河水系水文站点相关性实例分析

由于渭河中下游降水集中于每年的 7—9 月，而且频现大暴雨天气，使得洪水灾害频繁。实测资料显示，咸阳站最大洪峰流量达到了 7220m³/s（1954 年 8 月 18 日），华县站为 76600m³/s（1954 年 8 月 19 日）。本章选取了渭河水系干流的 9 个主要水文站点，其基本的位置分布如图 2.1 所示。选取了 9 个站点下同时满足 13 年的日径流数据，其主要的时间序列为：2001 年 1 月 1 日—2013 年 1 月 12 日的逐日径流量数据。

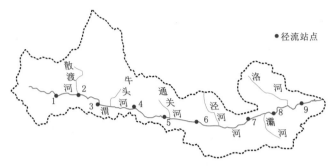

图 2.1　渭河流域站网分布示意图

2.3.1　自相关检验

在概率论中，如果两个事件是独立的，意味着一个事件的发生不会对另一个事件的发生与否产生决定性的作用。应用到水文研究领域中，独立性假设可以描述变量观测的随机性和不相关。如果数据是随时间而变化的，需要绘制序列自相关图来判断样本中存在自相关的可能性。由于 Copula 函数对于边缘分布是基于独立同分布假设的，所以需要对原始数据进行独立性检验。可以采取的办法有自相关函数和 Ljung‐Box 检验（Ljung et al.，1978）。由表 2.1 中的数据也可以发现，未处理的原始逐日径流量数据是无法满足显著水平为 5％的独立性假设的。只有通过调整时间间隔，才能不断完善每个站点的自相关检验值。由于站点数达到了 9 个站点，很难在同一个时间间隔内同时满足独立性条件。由表 2.1 可知，当时间间隔采用 3d 和 9d 时，所有站点的径流数据能够同时满足独立性的条件，但是考虑到数据的长度会因为间隔的增大而减小从而增加后续 Copula 函数参数估计时的不确定性，本章采用的时间间隔为 3d。

表 2.1　　　　　　　　数据处理后的 Ljung‐Box 检验结果

站点	时 间 间 隔									
	1d	2d	3d	4d	5d	6d	7d	8d	9d	10d
1	F	F	**T**	F	F	F	F	T	**T**	F
2	F	T	**T**	T	T	T	T	T	**T**	T
3	F	F	**T**	F	F	F	F	T	**T**	F
4	F	F	**T**	F	F	F	F	F	**T**	F
5	F	T	**T**	T	T	T	T	T	**T**	T

站点	时　间　间　隔									
	1d	2d	3d	4d	5d	6d	7d	8d	9d	10d
6	F	F	**T**	F	T	F	F	T	**T**	T
7	F	F	**T**	F	F	F	F	T	**T**	F
8	F	F	**T**	F	T	F	T	T	**T**	T
9	F	F	**T**	F	F	F	F	T	**T**	F

注　T 代表 Box 检验的 $p-$value$\geqslant 5\%$，即在 95% 的置信水平下满足独立性假设，可以通过 Box 自相关检验。反之，F 代表 $p-$value$<5\%$ 的情形，无法通过自相关检验。

2.3.2　基于传统相关系数法的分析结果

各站之间的 Kendall 相关系数分析如图 2.2 所示。各站之间的 Spearman 相关系数分析如图 2.3 所示。

由图 2.2 和图 2.3 可知，Kendall 相关系数相比于 Speaman 相关系数偏小，这是两种方法在计算相关系数时存在着一定的差别所导致的。两种方法得到的相关系数都介于（0.5，1）之间，也说明各站之间的相关性呈现正相关，采用 Copula 函数定量分析站点之间的相关性非常有必要。各站之间的径流直方图也显示出一定的偏态性，由于本章采用的半参数法和非参数法都不涉及单变量的边际分布模拟，此处只直观地显示每个站点的径流数据分布特征。

2.3.3　Copula 函数优选结果

本研究区域内包含了 9 个站点，可以产生 36 $\left[\binom{9}{2} = \dfrac{9!}{(9-2)!\ 2!} = 36 \right]$ 个站点对，采用半参数和非参数法进行参数估计以及采用交叉检验法和 AIC 准则进行拟合度检验的过程如果全部展示，则篇幅过大。为了精简地显示参数估计方法以及拟合优度检验的对比结果，本书任意选取了 6 个站点对进行了分析，见表 2.2 和表 2.3。拟合度优选准则为：最小的 AIC 值表示最优的 Copula 函数；交叉检验值 $\widehat{xv}_n$ 最大的 Copula 函数为最优的选项。因为交叉检验值表征了拟合的 Copula 函数的有效性，6 个站对中有 4 个站对存在这样的规律：AIC 准则和交叉检验法都能够获得相同的最优 Copula 函数模型，例如在站点 1 和站点 5 的组合中，AIC 准则和交叉检验法都显示出 Gumbel

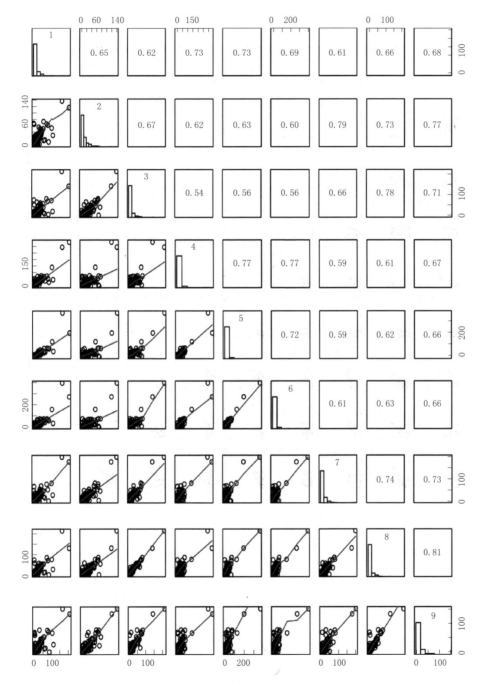

图 2.2 各站之间的 Kendall 相关系数分析图

[图中横纵坐标分别表示日径流数据值（m³/s）；对角线 1~9 表示站点编号；右上角的数值为相关系数]

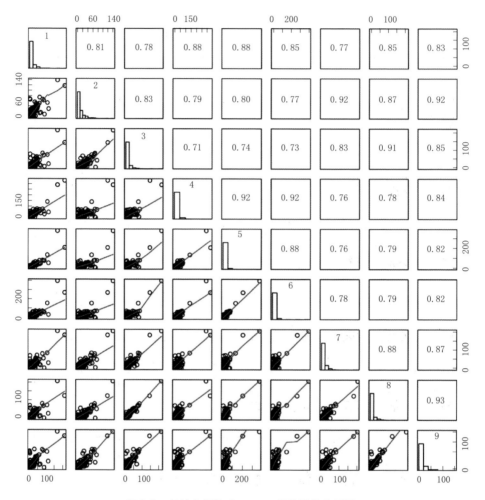

图 2.3　各站之间的 Spearman 相关系数分析图

[图中横纵坐标分别表示日径流数据值（m³/s）；对角线 1～9 表示站点编号；右上角的数值为相关系数]

Copula 函数对站点 1 和站点 5 的站对间的联合分布结构拟合效果最优；t - Copula 函数最适合站对组合 4 - 5 的联合分布情况。以交叉检验标准值为基准，基于半参数法获得最优 Copula 函数明显优于非参数法（Kendall 相关系数法和 Spearman 相关系数法），而且对于 t - Copula 函数拟合时，由于 t - Copula 函数有自由度参数，导致利用 Spearman 相关系数法时无法估计参数 θ，从以上几点可以看出，半参数法对于 Copula 参数估计精度明显优于非参数法。

表 2.2 基于半参数法和非参数法对站对 1－5、2－3 和 3－6 的分析结果

站对	Copula 函数	$\widehat{xv}_n$			AIC		
		半参数法	Kendall 相关系数法	Spearman 相关系数法	半参数法	Kendall 相关系数法	Spearman 相关系数法
1－5	Clayton	148	97	114	−313.3	−237.3	−260.6
	Frank	205	209	204	−414	−414.5	−409.4
	Gumbel	**233**	**232**	**229**	**−466.1**	**−466.0**	**−463.9**
	Normal	210	207	210	−424.2	−421.7	−423.8
	t	227	220	—	−465.8	−465.5	—
	Rot－C	206	191	198	−313.3	−401.6	−411.6
	Rot－F	209	205	204	−414.5	−414.5	−409.4
	Rot－G	200	198	198	−403.9	−404.4	−407.3
	Rot－N	212	205	211	−424.2	−421.7	−423.8
	Rot－t	222	223	—	−449.4	−449.3	—
2－3	Clayton	117	77	93	−238.3	−170.6	−198.9
	Frank	166	166	162	−331.5	−331.3	−324.0
	Gumbel	**184**	**182**	**181**	−366.3	−366.3	−363.0
	Normal	153	147	155	−310.5	−303.6	−310.5
	t	172	171	—	**−374.1**	**−375.5**	—
	Rot－C	160	159	161	−309.5	−311.8	−322.0
	Rot－F	163	167	159	−331.5	−331.3	−324.0
	Rot－G	153	156	157	−310.4	−311.1	−314.2
	Rot－N	154	148	149	−310.5	−303.6	−310.5
	Rot－t	173	177	—	−349.7	−349.6	—
3－6	Clayton	66	12.32	37	−141.1	−83.8	−93.5
	Frank	107	24.88	105	−214.2	−214.2	−212.7
	Gumbel	**115**	**116**	**115**	**−236.6**	**−236.6**	**−236.4**
	Normal	100.5	97	101	−208.5	−207.1	−208.5
	t	110	110	—	−229.2	−229.5	—
	Rot－C	105	101	102	−195.7	−201.9	−205.5
	Rot－F	105	106	104	−214.2	−214.0	−212.7
	Rot－G	88	87	90	−183.8	−183.4	−185.4
	Rot－N	102	103	103	−208.5	−207.1	−208.5
	Rot－t	107	109	—	−222.7	−222.7	—

注 "—"为拟合时无法获得相应 AIC 和 $\widehat{xv}_n$ 值；t 代表 t－Copula 函数；Rot－C 代表旋转 Clayton Copula 函数；Rot－F 代表旋转 Frank Copula 函数；Rot－G 代表旋转 Gumbel Copula 函数；Rot－N 代表旋转 Normal Copula 函数；Rot－t 代表旋转 t－Copula 函数；下同。

表 2.3 基于半参数法和非参数法对站对 4 - 5、5 - 9 和 6 - 8 的分析结果

站对	Copula 函数	$\widehat{x v}_n$			AIC		
		半参数法	Kendall 相关系数法	Spearman 相关系数法	半参数法	Kendall 相关系数法	Spearman 相关系数法
4 - 5	Clayton	177	113	124	-365.9	-258.7	-279.2
	Frank	244	247	243	-492.7	-492.7	-487.7
	Gumbel	248	247	248	-503.6	-501.4	-503.4
	Normal	237	233	242	-482.8	-475.6	-482.4
	t	**253**	**251**	—	**-513.9**	**-513.2**	—
	Rot - C	218	179	191	-420.5	-377.5	-391.4
	Rot - F	245	244	245	-492.7	-492.7	-487.7
	Rot - G	225	221	222	-460.5	-453.8	-459.7
	Rot - N	241	232	237	-482.8	-475.6	-482.4
	Rot - t	Inf	247	—	-506.0	-505.4	—
5 - 9	Clayton	104	59	62	-216.7	-135.9	-155.4
	Frank	158	162	159	-322.0	-321.8	-317.4
	Gumbel	**166**	**165**	**169**	-336.7	-336.5	-336.3
	Normal	147	141	141	-294.8	-287.9	-294.0
	t	161	162	—	**-340.2**	**-340.2**	—
	Rot - C	142	132	137	-277.0	-271.2	-279.7
	Rot - F	159	160	161	-322.0	-321.8	-317.4
	Rot - G	137	136	137	-281.6	-279.6	-283.9
	Rot - N	141	140	146	-294.8	-287.9	-294.0
	Rot - t	161	164	—	-326.8	-326.8	—
6 - 8	Clayton	86	35	48	-176.2	-95.9	-116.5
	Frank	141	139	138	-281.1	-281.1	-277.7
	Gumbel	**153**	**149**	**150**	**-304.0**	**-304.1**	**-303.5**
	Normal	122	123	128	-259.1	-253.4	-258.6
	t	142	141	—	-298.9	-298.9	—
	Rot - C	135	128	131	-252.0	-259.6	-266.8
	Rot - F	138	140	140	-281.1	-281.1	-277.7
	Rot - G	114	111	117	-237.3	-235.9	-240.3
	Rot - N	127	123	128	-259.1	-253.4	-258.6
	Rot - t	141	141	—	-286.2	-286.1	—

注 Inf 代表超出了计算边界。

　　为了能够直观地显示出 AIC 准则优选出的 Copula 函数和交叉检验法得出的 Copula 函数的拟合效果，绘制了最优的概率密度函数，如图 2.4 所示。

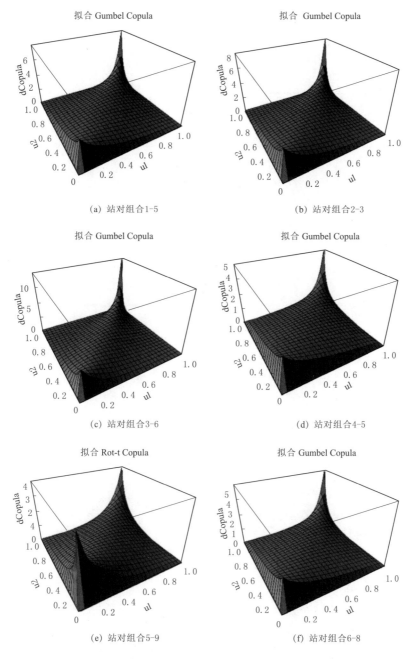

图 2.4　6 个站对组合对应的最优 Copula 函数概率密度图
(dCopula 代表 Copula 的密度值；Rot‐t 代表旋转 t‐Copula 函数)

尽管二维情形下站点组合多适合 Gumabel Copula 函数。但是在多维的情形下（$d > 2$），t - Copula 函数更能满足多站点下的径流量联合分布特性（表 2.4）。随着维数的增多，交叉检验值也在不断增大，优选的可能性在不断增大。同时结果也表明，椭圆 Copula 函数比阿基米德 Copula 函数更加适用多维情形下站点间联合分布的特性。

表 2.4　　　　　　　　　　多维 **Copula** 函数拟合结果

编　号	站　点　组　合	$\widehat{xv}_n$	Copula
1	(1,4)	22	Rot - t(dim = 2)
2	(1,4,6)	35	t(dim = 3)
3	(1,4,6,3)	66	t(dim = 4)
4	(1,4,6,3,9)	76	t(dim = 5)
5	**(1,4,6,3,9,5)**	93	t(dim = 6)
6	(1,4,6,3,9,5,7)	135	t(dim = 7)
7	(1,4,6,3,9,5,7,2)	175	t(dim = 8)
8	(1,4,6,3,9,5,7,2,8)	227	t(dim = 9)

注　t 代表 t - Copula 函数；Rot - t 代表旋转 t - Copula 函数；dim 代表维数。

2.4　本章小结

本章选用了渭河干流 9 个站点下的逐日径流量数据，运用半参数法对 36 对站点组合进行了二维 Copula 函数模拟，并选用交叉检验准则对潜在的阿基米德 Copula 函数和椭圆 Copula 函数进行拟合优度检验；同时也考虑了多维 Copula 函数的模拟。对比分析半参数法和非参数法对于 Copula 参数估计时的效果、多站点组合下两类 Copula 函数模拟的结果，得出以下结论：

（1）由于 Copula 函数对于独立同分布假设的要求，所以对原始数据进行自相关检验非常有必要，这样可以减小后续 Copula 函数模拟的不确定度。这一点也是在 Copula 函数模拟之前最为关键的一步。

（2）在进行 Copula 参数估计时，半参数法依赖于经验分布函数，而非参数法更加强调相关系数的计算。单单从最大交叉检验值表明拟合效果好这一准则上看，半参数法比非参数法能得出较大的交叉检验值，拟合效果较好。所以半参数法在一定程度上优于非参数法。

（3）交叉检验准则对模型优选的效果优于 AIC 准则。多站点组合下的 Copula 函数的模拟也表明，在多维情形下应用时，椭圆 Copula 函数优于阿基米德 Copula 函数。

第 3 章

基于克里金－Copula 熵结合的站网评价模型

3.1　引言

　　水文数据按照使用目的的不同可以分为基于径流数据对水库进行改良设计、城市输水系统设计、农田灌溉网优化配置、研究气候变化带来的水资源响应等。显而易见，一个足够完备的水文测站系统能够为不同的用户提供所需的水文信息。例如，对于一个高效的防洪水库来说，水文站网应当实时提供以下关键信息：①有效控制洪灾风险所需的变量数目和种类；②合理的观测时间间隔；③满足精度要求的站网密度。因此，水文监测网络设计需要考虑足量的监测站、合理的测站位置、数据周期或采样频率。

　　水文站网的优化设计是一项持之以恒的工作，需要经历层层递进的优化改良，因为水文研究领域对于数据的需求转变以及气候变化和人类活动双重影响降雨、径流分布结构的变化，需要对已经规划好的站网按照一定评价标准重新进行评估和改良。另外，站网规划涉及一个多目标优化的问题（Alfonso et al.，2010b），只有全面系统地将社会经济发展要求和水资源分布特点相结合，才能为水文水资源的可持续发展服务。

　　地学统计方法在水文气象领域得到了很好的运用（Camera et al.，2014；Bechler et al.，2015）。利用地统计学技术进行空间插值时需要处理好以下几个方面：全局与局部的关系、精确值和近似值的关系、基于点和面的估计值以及协方差的影响。作为最常用的空间插值方法，克里金法（Kriging）主要可以分为两部分：第一部分在于使用变异函数进行空间变异分析；第二部分在于插值距离权重的确定（Goovaerts，2000；Li et al.，2010；Adhikary et al.，2015；王舒 等，2011；李明 等，2017）。Goovaerts（2000）考虑了数字高程模型（digital elevation model，DEM）的影响，对比分析了以 3 种空间插值方法为基础的多目标地学统计模型的插值精度，结果表明，耦合 DEM 参数的雨量插值模型有效地提高了预测精度。这一发现也和 Creutin et al.（1982）的研究结论相一致。Adhikary et al.（2015）基于普通克里金插值法对澳大利亚 Middle Yarra 流域的雨量站网进行空间插值，以最小化克里金相对误差为目标函数，准确地优选出新增站点的位置和对应的日均雨量数据，预测结果显示，优化后的站网比未优化前显示出更好的预测精度。Copula 插值法作为克里金插值法的替代方法，可以有效地模拟空间分布结构，也得到了广泛的应用（Bardossy，2006；Bardossy et al.，2008）。Copula 插值法提供了很好的插值不确定度矩阵，该矩阵不仅兼顾到了站点位置、模型参数，而且考虑到了观测值的影响因素。Li et al.（2011）基于 Copula 理论建立了地下水监测站网的评估模型并运用了考虑成本相关的效用函数。然而，如果两个变量间是非对称的关系，变量间互相影响的时间尺度会有出入，基于空间插值法无法描述变量间的非线性关系。这在一定程度上表明，相关性分析法应用在复杂系统中仅仅把握住了变量间的线性关系，为此水文频率分析需要考虑到非线性关系这一层面。

近几年，两种或多种理论相互耦合的研究思路对水文站网优化研究起到了一定的推动作用。Samuel et al.（2013）利用聚类法和双重熵耦合的多目标优化模型对雨量站网进行优化设计，是对单目标优化方法很好的改进和完善。Chen et al.（2008）将克里金法和信息熵相结合，评估了流域中最优的雨量站分布形式。Mishra et al.（2014）利用核密度函数估计了互信息量指标。Mahmoudimeimand et al.（2015）基于地学统计法和信息熵理论对 GIS 获取的气象数据进行站网优化。

过去的研究大多是采用克里金法从站点增设的目标出发，然而站点的合理位置和站点间的互相影响也同样会影响观测站网搜集到的数据的质量。考虑到站网内部站点间信息量会有重叠（即冗余信息量、互信息），一味地增设站点会造成站点布局过于稠密，进而增加了站点布设成本（Yeh et al.，2011）。为此，本章也建立了基于克里金-Copula 熵结合的站网优化模型。不同于 Chen et al.（2008）仅仅借助克里金法插值得到指定站点的数据，本章将克里金法和 Copula 熵理论结合，一方面考虑信息量最优，另一方面兼顾站网估计精度最优，建立了基于克里金-Copula 熵结合的站网评价模型，并利用该模型对上海地区的雨量站网进行评价。克里金法主要为了定位未知站点并弥补该区域在雨量数据上的空白。在后续站点优化的过程中，充分发挥 Copula 熵刻画站网的信息量优势，利用一定的后验指标验证了模型优选结果的可靠性。本章部分研究成果已发表于 SCI 环境类期刊 *Environmental Research*（Xu et al.，2018）。

3.2　克里金法的基础理论

基于克里金法的雨量站点优化方法的核心在于凭借最小的输出成本获得最为高效的面雨量估计精度，最终确定站点的位置和数量。克里金法通过考虑空间站点间的高度相关性和变异性的特点，在一定限定范围内实现对于变量预测值的无偏估计和空间结构的准确描述。克里金法易于得出特定的克里金误差（Kriging standard error，KSE）的这一特征也是其可以用于雨量站网优化的关键所在。最优的站网配置，一方面需要关注信息量最优，考虑最大化信息总量、最小化冗余信息量；另一方面，站网系统构建的变量空间变异特征也是关键，主要采用最小克里金误差这一目标函数。克里金误差的求解涉及一个综合的搜索过程，以找到站点数量和位置的最佳组合，从而使克里金误差达到最小。克里金法的实施主要基于以下三步：①变异函数模拟；②克里金误差计算；③交叉检验。

3.2.1　变异函数模拟

空间插值方法是将空间上的离散化数据转化为连续的曲面数据的过程，其中最为典型的方法是克里金法，克里金法进一步分为普通克里金法、简单克里金法和协同克里金插值法（岳文泽 等，2005），本章着重介绍普通克里金法。由于普通克里金法是基于正态分布假设的，所以在利用变异函数模拟之前需要对数据进行正态化检验。目前协方差函数估计方法众多，除了众所周知的矩估计方法外，还存在其他可靠的估计方法（见 Cressie，2015），本书采用基于变异方差的云计算估计量。在众多模拟变异函数的方法中，必须妥善解决群体大小的选择、滞后等级和最大延迟问题（Peeters et al.，2010）。

由于变异函数能够最大程度地模拟已知站网数据所构成的空间结构特

性，克里金插值精度取决于潜在最优变异函数的选取。基于样本观测值的经验变异函数 $\hat{\gamma}(h)$ 是可以依据已知的站点数据对理论变异函数进行优化模拟的，其中 $\gamma(h)$ 为理论变异函数，h 为距离。变异函数的定义过程（Cressie，2015）如下。

对于已知站点 $X_i(i=1,\cdots,k)$ 搜集得到的观测值，基于此的经验变异函数为

$$\hat{\gamma}(h)=\frac{1}{2N(h)}\sum_{(i,j)\in N(h)}\left[X(y_i)-X(y_j)\right]^2 \tag{3.1}$$

式中：$N(h)$ 为代表诸如 (i,j) 形式的站点对个数；y_j 为对应的坐标，满足 $|y_i-y_j|=h$ 的条件。

在本章中，X_i 代表了站点 i 观测得到的时间序列。一般来说 h 是基于特定方法（certain tolerance）的近似距离。

经验变异函数难以对应于每一个近似距离 h，使得最终变异函数不能按照式（3.1）拟合得到最好的变异模型。然而地学统计方法（例如克里金法）需要精确的变异函数，因此利用理论变异函数去拟合经验变异函数来得出较为合理的变异函数模型。一些常见的理论变异函数模型可以归纳如下（Rodriguez-Iturbe 和 Mejia，1974）：

（1）指数变异函数：

$$\gamma(h)=(s-n)\left[1-\exp\left(-\frac{3h}{r}\right)\right]+n \tag{3.2}$$

（2）球型变异函数：

$$\gamma(h)=(s-n)\left[1.5\left(\frac{h}{r}\right)-0.5\left(\frac{h^3}{r^3}\right)\right]+n \tag{3.3}$$

（3）高斯变异函数：

$$\gamma(h)=(s-n)\left[1-\exp\left(-\frac{3h^2}{r^2}\right)\right]+n \tag{3.4}$$

（4）Matern 变异函数：

$$\gamma(h)=(s-n)\left[1-(1-k)\exp(-r|h|)-k\exp(-rh^2)\right]+n \tag{3.5}$$

式中：s，n，r，k 为对应的变异函数模型参数，各参数具体的定义如下。

1）n 为基于原点处的不连续点上的半方差的高度。

2）s 为半方差图趋向无限时达到的滞后距离。

3）r 为变方差的差值。

4）k 为 Matern 变异函数模型中为了能够使曲线平滑而进行测试的平滑参数。

以上 4 种变异函数模型已经在水文地质学领域得到了广泛的应用（Goovaerts，2000；Voss et al.，2016）。通过一系列的迭代计算，基于最小的残差值（smallest residual sum of squares，SSERR）优选出最优的理论变异函数。所以在本书中，将 SSERR 作为拟合变异函数效果的关键指标。具体的计算结果见第 4 章。

3.2.2　克里金误差计算

克里金法作为一种依赖空间变异方差的最优曲面插值技术，代表了广义最小二乘回归方法在地统计学中的应用。作为地学统计中最为经典的地统计学插值方法，普通克里金法需要对克里金误差估计，具体的估计公式可以定义为（Cressie，2015）：

$$X^*(y_0) = \sum_{i=1}^{n} w_i X(y_i) \qquad (3.6)$$

式中：w_i 为已知站点 y_i 相对于未知站点的权重指标；$X^*(y_0)$ 为位置站点 y_0 通过式（3.6）得出的估计（预测）值；n 为在 y_0 邻近区域内观察到的点的数量，主要用于实现 $X^*(y_0)$ 的估计。

克里金方差 $\sigma_X^2(y_0)$ 可以通过下式得出

$$\sigma_X^2(y_0) = \mu_X + \sum_{i=1}^{N} w_i \gamma(h_{0i}) \qquad (3.7)$$

$$\sum_{i=1}^{N} w_i = 1$$

式中：h_{0i} 为未知站点和已知站点之间的距离；$\gamma(h_{0i})$ 为距离为 h_{0i} 处的变异函数值；μ_X 为 X 尺度下的拉格朗日乘子；N 为计算中使用的样本点个数。

克里金方差的平方根也常常称为克里金误差（KSE），KSE 值可以作为评判站网最优组合评估的关键性指标，也可以理解为方差削弱法（Bastin et al.，1984；Bogsrdi et al.，1985）．

3.2.3　交叉检验

克里金理论中变异模型的最终选定取决于交叉检验数据的优劣。交叉检验方法的核心思想是从已有的观测数据中剔除部分数据（Hadclad et al.，

2013），并把这部分剔除数据重新定义为校验值，然后使用剩余数据插值得到一些预测值，从而和这些校验数据进行对比分析，进而得出最终变异函数拟合效果的好坏。本章采用了以下 3 个指标：

（1）均方根误差（root mean square error，RMSE），为了进行克里金预测值与观测值之间的误差分析，其值最理想的情况是为 0。

（2）均方根标准差（mean squared normalized error，MSNE），其定义为（Lark，2000）

$$\text{MSNE} = \text{mean} \left\{ \frac{\left[X(y_i) - \hat{X}(y_i) \right]^2}{\sigma^2(y_i)} \right\} \tag{3.8}$$

式中：$\hat{X}(y_i)$ 为克里金估计值；$X(y)$ 为对应的观测值；$\sigma^2(y_i)$ 为对应数据集中得出的克里金方差。

理想状态下，MSNE 值越接近 1，表明交叉检验效果越好，克里金插值选用的变异函数模型越能客观表明实际情况。

（3）相关系数（correlation coefficient，CC），代表了真值和估计值的相关系数，理想状态下其值越接近 1 代表估计效果越好。

3.3 克里金-Copula 熵结合的站网优化模型

本章的研究思路主要可以归纳为以下 5 个步骤：①基于已有的站网计算出各种情形下的理论变异函数模型；②依据克里金误差（KSE）分布图定位增设的站点；③利用克里金法进行增设位置的（雨量）插值；④基于 NI - KSE 准则选出最优的站网分布结构；⑤采用相关的模型评价指标对模型的使用效果和适用性进行讨论分析。

3.3.1 信息量指标

作为 NI - KSE 准则内部重要的一环，首先介绍一下 NI 指标：

$$\text{maxNI}(X_1, X_2, \cdots, X_k) = \max \mu_1 \left[H(X_1, X_2, \cdots, X_k) + \sum_{i=1}^{k} \sum_{j=1}^{N-k} -T(X_i, X_j) \right] - (\mu_1 - 1) \text{TC}(X_1, X_2, \cdots, X_k) \tag{3.9}$$

式中：μ_1 为权重指标；$H(X_1, X_2, \cdots, X_k)$ 为变量 X_1，X_2，$\cdots$，X_k 的联合信息熵；$T(X_i, X_j)$ 为互信息；$\text{TC}(X_1, X_2, \cdots, X_k)$ 为总相关量；互信息

和总相关量分别用 Copula 熵代替。

不同的权重指标 μ_1 会得出不同的优化方案,可以根据研究目的的不同而调整权重指标的范围。具体的 Copula 熵的计算推导过程详见 1.2.2.3 节。

3.3.2　克里金误差(KSE)

计算克里金误差前需要确定变异函数模型,本章选用的变异函数模型有指数、球型、高斯、Matern 4 种,模型的函数形式见式(3.2)~式(3.5)。在地学统计研究领域,在优选变异函数的过程中,存在着遍历性的假设,然而一般情况下该假设是无法满足的,因为变异函数不能完全由所在区域的路线决定。Cressie(2015)曾着重探讨了该问题,该现象在数据量很少的情形下更加明显;同时各向异性的假设难以满足。以上两点也是在使用变异函数模型时可能产生误差的来源。

本章主要采用普通克里金法(ordinary Kriging,OK)进行 KSE 指标计算,提出的 KSE 指标是以最小化克里金标准差为目标,具体的目标函数可以定义为

$$KSE(S) = \int \sigma_{OK}(\vec{x}_0 \mid S)\, d\vec{x}_0 \tag{3.10}$$

式中:S 为样本分布结构;$\vec{x}_0$ 为预测点的位置向量。

由于式(3.10)的积分难以求解,为此对其进行离散化。按照高精度网格化后各个评估点 $\vec{x}_e$ 的克里金标准差均值进行求解:

$$KSE(S) = \sum_{j=1}^{n_e} \frac{\sigma_{OK}(\vec{x}_{e,j} \mid S)}{n_e} \tag{3.11}$$

式中:n_e 为为了求解变异函数而利用的网格点数。

3.3.3　NI - KSE 准则

基于以上两个指标,提出了 NI - KSE 指标。Li et al.(2012)在水文站网的优化过程中提出了最大信息量-最小冗余量准则(maximum information and minimum redundancy,MIMR),首先利用目标函数[式(3.9)]确定站网的最大信息量 MNI_{net} 以及对应的站点组合,然后将 NI 指标和 KSE 值有机地结合起来进行降序化的线性相加,得到

$$minTR_{NI\text{-}KSE} = 0.6\,rank_{descend}(NI) + 0.4\,rank_{ascend}(KSE) \tag{3.12}$$

式中:$TR_{NI\text{-}KSE}$ 为两个指标 NI 和 KSE 联合秩序值,将原先两个独立的目标

函数（最大化 NI 和最小化 KSE 值）有机结合成一个目标函数。

NI-KSE 准则能够同时考虑站网系统信息量相关的统计指标和系统对于观测值估计精度两个方面。

基于 NI-KSE 准则，实施步骤可以归纳如下：

（1）从原始网络的每个站点收集水文时间序列数据。

（2）利用克里金误差图中较大误差的区域确定增设的站点位置，并将对应站点的水文气象数据依据空间插值法插补出来。新增的站点和已有的站点生成新的待评估站网。

（3）将 S_0 定为初始化的最优站网集合，插值后的站网隶属于备选集合 F 中，同时 NI_S 表征对应集合 S 的信息量。

（4）将边缘熵最大的站点定为核心站点，并将其从集合 F 中检索到集合 S 中，定为 S_1。

（5）更新 S，F 和 NI_S。

（6）依据式（3.9）从备选集合 F 中优选下一个优选站点，备选集合 F 中所有的站点都被遍历地优选一遍。

（7）N 个潜在站点依据降序的顺序排列，同时产生 N 种最优的组合 $S_i(i=1,2,\cdots,N)$ 和对应的 $NI_{S_i}(i=1,2,\cdots,N)$ 站点信息量指标，S_i 不代表集合中的第 i 个站点，而是代表了拥有 i 个站点的站点组合。

（8）找到拥有最大信息量的集合 NI_{S_K}，其拥有最大的 NI 值。

（9）依据优选的集合 S_{K-1}，剩余的 $N-(k-1)$ 个站点依据 NI-KSE 准则进行再次优选。

依据以上优选算法，可以得出最终的优选站点组合。

3.4 基于克里金-Copula 熵的站网优化实例分析

3.4.1 研究区域概况和数据选取

本章选取上海地区的气象站网作为研究对象。上海市位于长江的入海口，地处太湖流域的东部边缘，面积达 $6340.5 km^2$。其气候特点属于亚热带季风气候，常年日照充分，雨热同季、降水充沛。依据 2013 年全年数据，全市平均气温达 17.7℃，全年日照时间有 1886h，雨量主要集中在汛期（6—9 月），按照雨量大于 50mm 为暴雨的标准，时常出现暴雨或者局部暴雨天气，为此合理优化该地区的气象站网非常有必要。

站网选取了区域内 16 个典型站点，具体的分布形式如图 3.1 所示。时间序列选取了 2012 年的全年日雨量数据。图中黑色的站点为原先站网中的站点，红色的站点为经过克里金误差分析后增设的站点。在表 3.2 中也对新增的站点 17～21 作了明显的区分。

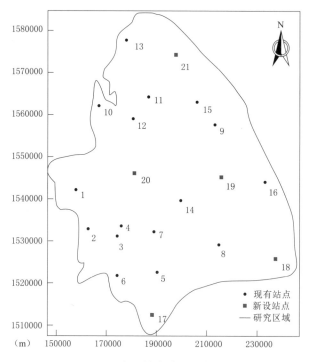

图 3.1　研究区域内站网分布示意图

3.4.2　变异函数优选

由于本章要对每日的数据进行插值计算，所以需要插值 188 次（除去全部站点当天无雨量的天数）。为了便于展示，本章定义了以下 4 个算例来展示变异函数和后续 KSE 图的结果：①全年日均雨量数据；②2012 年 1 月 21 日的日数据；③2012 年 4 月 23 日的日数据；④2012 年 11 月 22 日的日数据。

由于在地学统计中克里金插值是建立在正态分布的假定前提下，故需要对 4 个算例进行正态分布检验。在数据探索分析中，Q–Q 图常常被用来验证数据是否服从正态分布，当然在探索性数据分析中获得的直方图的偏态值也可以直接用于检验数据分布是否满足正态化假设。如果数据的直方图中显示的偏态值接近于0，那么认定数据基本服从正态分布。4个算例的正态检验结果见表3.1，由表中结果可知，算例1～3的偏态值绝对值未能有效趋近于0，为此需要通过对数正态化将原始数据进行转化；而算例4无需对数正态化就可以满足正态假设。经过正态化处理之后4个算例都能以95％的置信度通过K-S检验。

表3.1　　　　　　　　　　基于偏态值的正态检验结果

算　　例	偏　态　值		K-S检验中的 p-value
	未对数化	对数化	
1	0.79	0.15	0.35
2	-0.49	0.05	0.23
3	-0.52	0.11	0.15
4	0.109	—	0.14

在变异函数模拟过程中，首先计算出经验变异函数，然后用理论变异函数对其进行拟合。本章选取了4个理论变异函数（指数变异函数模型、球型变异函数模型、高斯变异函数模型和Matern变异函数模型）来模拟经验变异函数。图3.2～图3.5显示了计算得到的经验变异函数和理论变异函数以及对应的参数值、优选指标。由图可知，4个算例的最优变异函数模型可以描述观测数据的空间结构。

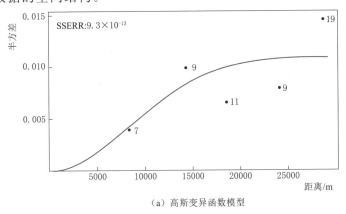

（a）高斯变异函数模型

图3.2（一）　算例1的变异函数优选结果

[图中·旁的数字表示以距离和半方差为（x，y）标注的该点的个数，下同]

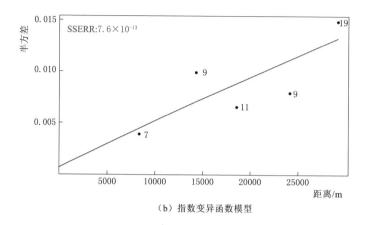

（b）指数变异函数模型

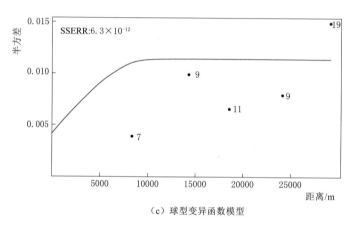

（c）球型变异函数模型

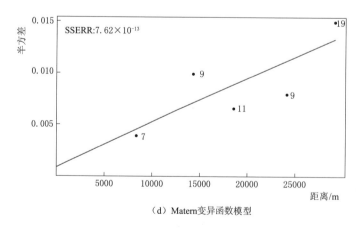

（d）Matern变异函数模型

图 3.2（二）　算例 1 的变异函数优选结果

[图中·旁的数字表示以距离和半方差为（x、y）标注的该点的个数，下同]

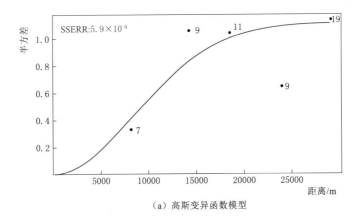

（a）高斯变异函数模型

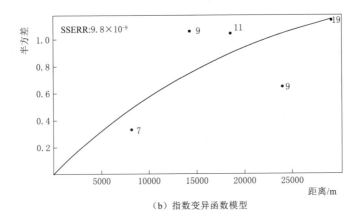

（b）指数变异函数模型

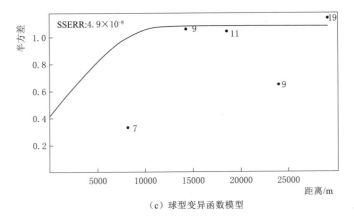

（c）球型变异函数模型

图 3.3（一） 算例 2 的变异函数优选结果

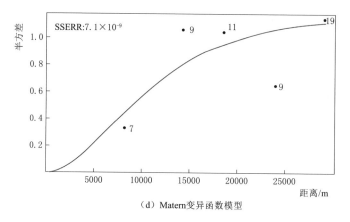

（d）Matern 变异函数模型

图 3.3（二）　算例 2 的变异函数优选结果

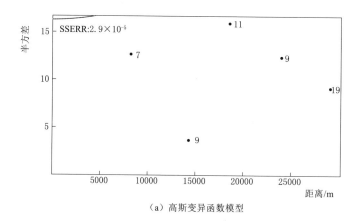

（a）高斯变异函数模型

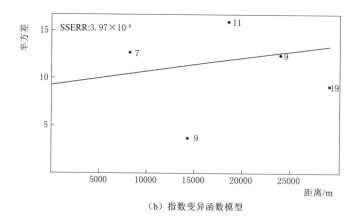

（b）指数变异函数模型

图 3.4（一）　算例 3 的变异函数优选结果

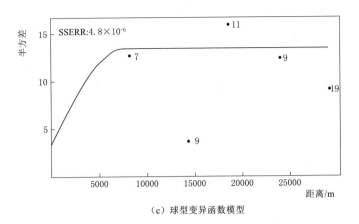

（c）球型变异函数模型

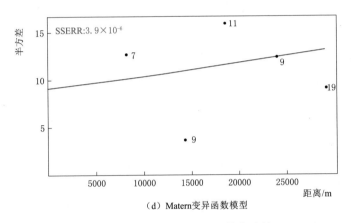

（d）Matern变异函数模型

图3.4（二） 算例3的变异函数优选结果

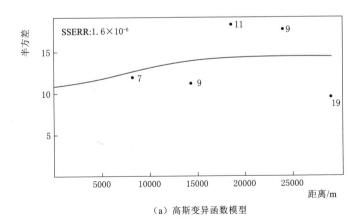

（a）高斯变异函数模型

图3.5（一） 算例4的变异函数优选结果

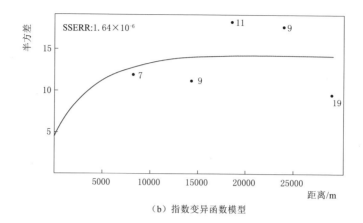

（b）指数变异函数模型

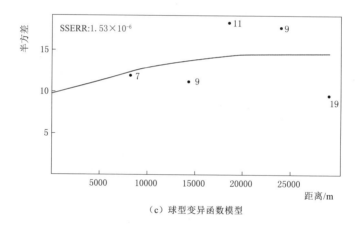

（c）球型变异函数模型

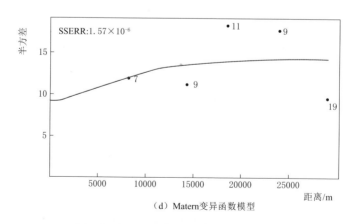

（d）Matern 变异函数模型

图 3.5（二）　算例 4 的变异函数优选结果

表 3.2　　　　　　　　　　站点的坐标和雨量特征值

站 点	分 类	坐 标		均值/mm	最大值/mm	最小值/mm
		X/m	Y/m			
1	现有站点	156187	1542472	3.17	122.00	0
2		160287	1532163	3.21	79.00	0
3		171198	1531194	3.02	76.50	0
4		172743	1532880	3.37	105.00	0
5		187677	1522639	3.62	116.00	0
6		171551	1521266	3.44	114.00	0
7		186570	1531212	4.18	139.00	0
8		211299	1529728	4.52	46.50	0
9		209918	1558018	3.46	148.50	0
10		165469	1562704	3.03	87.80	0
11		184543	1564369	3.06	138.50	0
12		179492	1559894	3.18	121.50	0
13		176225	1577808	2.84	114.00	0
14		197036	1539421	3.85	109.50	0
15		203427	1562801	3.47	141.00	0
16		230339	1544114	4.06	128.00	0
17	新设站点	188728	1512016	3.75	96.60	0
18		237518	1526296	4.23	96.90	0
19		216098	1545336	3.95	136.70	0
20		178018	1546526	3.39	115.50	0
21		195868	1575086	3.14	134.10	0

3.4.3　增设站点的确定和雨量的插值

本章的克里金法是利用 R 语言软件中的 Autokriging 模块进行的，图 3.6 显示了 4 个算例下的 KSE 分布图。按照克里金法对于估计精度的解释，克里金误差值理论上越小，代表估计精度越精确。例如，在 1～7 号站点的范围内，由于站点分布密度较其他区域大，所以克里金误差值较小，增设新的站点意义不大；而 17～21 号站点所在的区域内站网密度较低，所以克里金误差值较邻近范围的数值要偏大，为此增设了这 5 个站点。由于 KSE 越大表明该区域的估计误差越大，因此需要增加观测站点以提高该区域的估计精度，所以 5 个站点具体位置依据 KSE 最大原则加以确定。对比 4 个算例的情形可得，日均雨量数据下的克里金误差明显小于日雨量数据下的克里金误差。

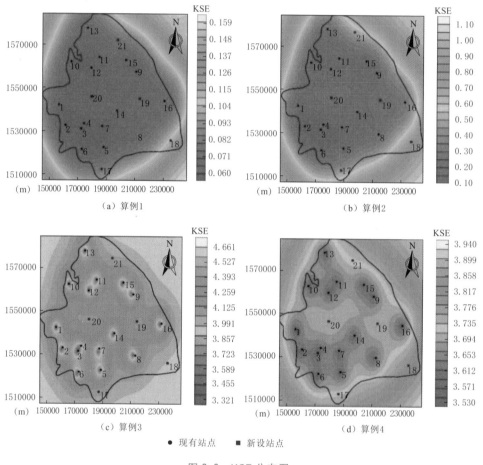

（a）算例1　　　　　　　　　　　　　（b）算例2

（c）算例3　　　　　　　　　　　　　（d）算例4

● 现有站点　　■ 新设站点

图 3.6　KSE 分布图

图 3.7 显示了交叉检验指标（RMSE，MNSE，CC）对模拟次数的敏感性分析结果。由图 3.7 可知，交叉检验结果对于模拟次数敏感性不是很大。4 个算例的 RMSE 值都接近于 0，MNSE 值都接近于 1，CC 值也接近于 1，都是各自的理想值，所以交叉检验结果也再次证明了优选的变异函数和对应参数的合理性。选定的变异函数可以反映各自算例下的空间分布特性。

3.4.4　NI-KSE 准则优化

经过图 3.6 克里金误差分布图确定了新设 5 个站点的位置并利用克里金

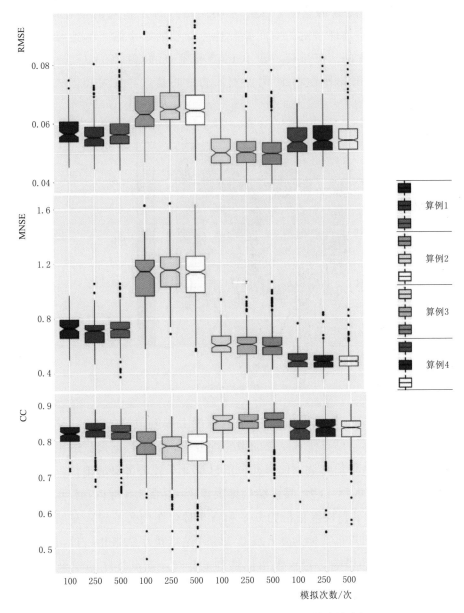

图 3.7 交叉检验指标对模拟次数的敏感性分析

插值法得到对应位置处的日雨量预测值，因此后续的 NI – KSE 分析是基于这 21 个站点组成的新站网而言。为了能够对新的站网从单边缘信息熵角度有一个直观的认识，故绘制了图 3.8。类比于克里金法对于雨量插值的应用，边缘熵分布图也是根据每个站点的边缘熵值经过空间插值法得到的。位于西北部区域的 10 号站点其信息量较大，表明该站点对于站网的重要性较大；同时整个站网边缘熵呈现一定的空间差异性。新设的 5 个站点的边缘熵值普遍较大，但是所包含的信息量都一致小于 10 号站点的信息熵（$H_{10}=2.21$）。所以后续的 NI-KSE 准则中将 10 号站点作为核心站点并选入最优的站点组合中。

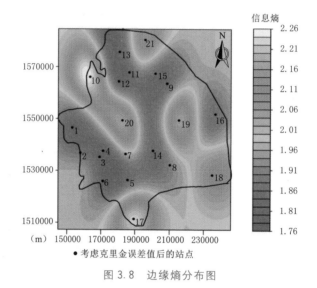

图 3.8　边缘熵分布图

由式（3.9）可知，权重指标 μ_1 在很大程度上影响最终的 NI 计算值，为此进行不同权重指标下站点优选结果的敏感性分析。由于数据搜集的主要目的是尽可能多地获取足量信息量，使得冗余信息量处于较为次要的地位，为此将权重指标 μ_1 设定为 0.7~0.9，具体结果见表 3.3。由表 3.3 可得，权重指标为 0.7 时的站点排序结果和权重指标为 0.8 和 0.9 时存在较大差异，在站点数达到 5 时发生突变。当权重指标为 0.8 或 0.9 时，站点排序结果相一致，这也表明，仅考虑信息量的影响，当权重指标达到 0.9 时，站点排序的结果趋于稳定，异动性不大。当站网内部的密度较大时，权重指标对于结果的影响更大

表 3.3　　　　　　　　不同权重指标下的站点优选结果（站点编号）

μ_1	排　序　数																				
	1	2	3	4	5	6	7	8	9	10	11	12	13	14	15	16	17	18	19	20	21
0.7	10	19	20	7	21	5	9	3	11	6	8	13	1	16	15	2	14	12	4	17	18
0.8	10	19	20	17	7	21	3	9	6	1	13	8	11	16	15	5	2	12	14	18	4
0.9	10	19	20	17	7	21	3	9	6	1	13	8	11	16	15	5	2	12	14	18	4

(Li et al., 2012)。最大化联合信息熵与信息传递量、最小化冗余信息量这两个目标函数不可能同时达到理想值，为此需要一个很好的平衡因子去处理两个目标函数的问题，而权重指标就起到了平衡因子的作用。

作为 NI–KSE 准则中一个重要的指标，NI 值取决于权重指标的选择，本章采用信息量指标和克里金误差值相结合的方法统一确定最终的权重指标，分析结果如图3.9和图3.10所示。由图3.9可知，各个指标随着站点个数增加而发生变化：①信息传递量指标（图中的 T 值）随着站点个数的增加先增大后减小，对于不同的权重指标拐点也不一样，其中 $\mu_1 = 0.7$ 和 $\mu_1 = 0.9$ 时，拐点位于 $N = 10$，而 $\mu_1 = 0.8$ 时，拐点位于 $N = 9$；②NI 值的变化同信息传递量指标一样有着类似的情况；③联合信息熵值 H 随着站点个数的增加而增大，当站点个数达到一定数量的时候，增加值逐渐变小，曲线趋于平缓；④冗余信息量 C 值随着站点个数的增大而线性增大。由图3.10可知，权重指标为0.8和0.9时的估计误差低于0.7的情况，权重指标为0.9时，最优站点个数为10，所以最终的权重指标定为0.9。

经过不同权重指标下的敏感性分析并依据最大信息量和最小化冗余信息量准则，确定了 $\mu_1 = 0.9$ 下各站点数组成最优站点组合为 $S_{10} = (10,19,20,17,7,21,3,9,6,1)$。但是 S_{10} 仅仅是从站网信息量的角度得出的，忽略了站网的克里金估计误差值。因此，以 $S_9 = (10,19,20,17,7,21,3,9,6)$ 为基础的站点组合，以 NI–KSE 为准则进行了综合的分析，S_9 作为新的 S_{10}^{new} 与 S_{11}^{new} 的子集进行了计算，具体结果见表3.4和表3.5。表3.4和表3.5中3个案例恰好代表了在 S_9 基础上新增3个站点的优选过程。由表3.5可得，仅仅依靠最大化 NI 得到的 S_{10} 组合在 NI–KSE 优选准则下得到了新的站点组合 $S_{10}^{new} = \{10,19,20,17,7,21,3,9,6,11\}$，原先新增的站点为11号站点，经过 NI–KSE 准则之后确定了1号站点为第10个优选站点。同理可得，在站点数为12的情况下，最优站点组合 S_{12}^{new} 在 S_{10}^{new} 基础上新增1号和13号站点，该站点组合 RNI 值为96.83%，KSE 值为0.097。由图3.11可知，最大化 NI 值和最小化 KSE 值难以同时达到最理想的状态。站网密度相比于其他区域较高，其中存在较高的信息冗余量。为此 S_{12}^{new} 的站点组合中没有考虑站点4而考虑了站点3，进而降低了站网的信息冗余量，可见基于 NI–KSE 准则优选站网的方法是可行且合理的。按照以上方法得到了最优站点组合为 S_{16}^{new}，如图3.12所示。

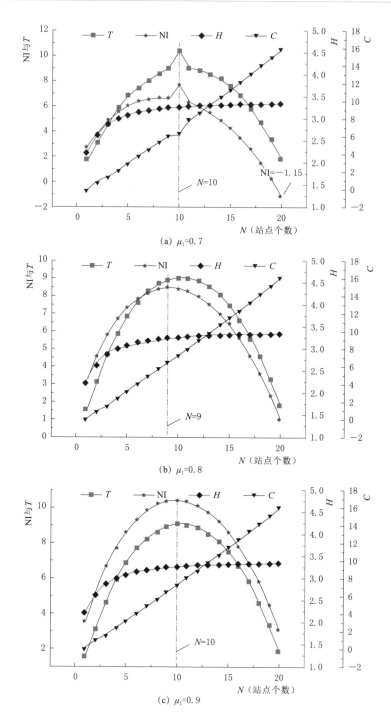

(a) μ_1=0.7

(b) μ_1=0.8

(c) μ_1=0.9

图 3.9　信息量统计指标的敏感性分析

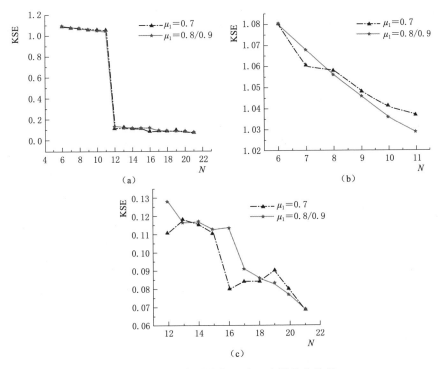

图 3.10 不同权重指标下克里金误差值分析

[图（b）和图（c）为图（a）的放大，为了能够体现不同权重对于站网优化的差别]

表 3.4 案例 1 基于 NI-KSE 的优选结果

排序	组合	站点编号	NI	RNI	KSE	R_{NI}	R_{KSE}	$TR_{NI\text{-}KSE}$
案例 1：基于 S_9 选定第 10 个最优站点								
1		1	10.341	100%	1.014	1	7	3.4
2		2	10.298	99.59%	1.012	9	3	6.6
3		4	10.270	99.30%	1.020	11	9	10.2
4		5	10.280	99.94%	1.013	10	6	8.4
5		8	10.309	99.68%	1.030	8	11	9.2
6	S_9	11	10.344	99.98%	1.001	2	1	1.6
7		12	10.317	99.76%	1.012	5	4	4.6
8		13	10.310	99.69%	1.019	7	8	7.4
9		14	10.321	99.80%	1.004	3	2	2.6
10		15	10.319	99.78%	1.012	4	5	4.4
11		16	10.312	99.71%	0.126	6	10	7.6
12		18	10.231	98.93%	0.156	12	12	12.0

注 表中 RNI 代表 NI 数值进行归化后的相对值；R_{NI}，R_{KSE}，$TR_{NI\text{-}KSE}$ 为降序之后的指标对应的数值。

表 3.5　　　　　　　　　　案例 2 和案例 3 基于 NI – KSE 的优选结果

排序	最优组合	站点编号	NI	RNI	KSE	R_{NI}	R_{KSE}	$TR_{NI\text{-}KSE}$
案例 2：基于案例 1 中得到 S_{10}^{new}								
1		1	10.241	99.02%	1.0012	2	3	2.0
2		2	10.211	98.73%	1.0043	6	5	5.6
3		4	10.187	98.51%	1.0082	9	8	8.6
4		5	10.207	98.70%	1.0091	8	9	8.4
5	S_{10}^{new}	8	10.242	99.03%	1.0067	1	7	3.4
6		12	10.182	98.45%	1.0115	10	10	10
7		13	10.227	98.89%	1.0996	3	2	2.6
8		14	10.226	98.88%	1.0063	4	6	4.8
9		15	10.210	98.72%	1.0989	7	1	4.6
10		16	10.225	98.87%	1.0134	5	11	7.4
11		18	10.137	98.04%	1.003	11	4	8.2
案例 3：基于案例 2 中得到 S_{11}^{new}								
1		2	9.967	96.39%	0.0968	7	3	5.4
2		4	9.950	96.22%	0.1008	8	6	7.2
3		5	9.974	96.46%	0.1027	6	7	6.4
4		8	10.015	96.86%	0.1101	1	10	4.6
5	S_{11}^{new}	12	9.945	96.18%	0.091	9	2	6.2
6		13	10.012	96.83%	0.097	2	4	2.8
7		14	9.996	96.67%	0.1063	3	8	5.0
8		15	9.985	96.57%	0.0905	5	1	3.4
9		16	9.993	96.64%	0.0988	4	5	4.4
10		18	9.900	95.74%	0.1078	10	9	9.6

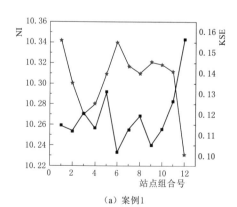

（a）案例1

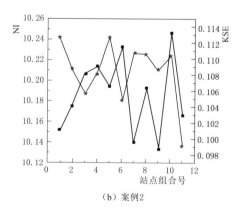

（b）案例2

图 3.11 （一）　3 个案例的 NI 与 KSE 相关性分析

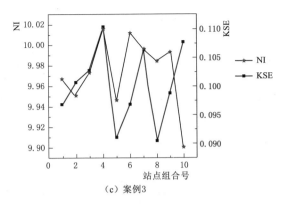

（c）案例3

图 3.11（二） 3个案例的 NI 与 KSE 相关性分析

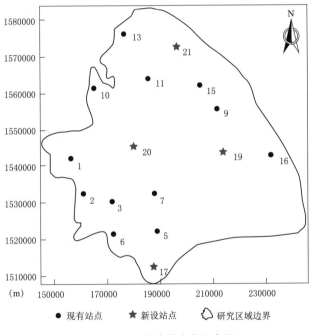

● 现有站点 　★ 新设站点 　◇ 研究区域边界

图 3.12 最优站网分布示意图

3.5 本章小结

本章提出了 NI-KSE 准则下的站网优化模型，该模型不仅仅是从信息量的角度考虑站网的布设，也联合考虑了克里金法对于面雨量估计精度刻画

69

的优势，并将该模型应用到上海市雨量站网的优化设计中，采取了相应的后验指标计算，证明了模型使用效果的显著性和合理性，得出以下结论：

（1）4 种变异函数模型（高斯、球型、指数、Matern）可以用于刻画日均雨量、日雨量数据的空间分布结构，采用的交叉检验统计值也证明了日雨量数据下最优变异函数选取是合理的。同时对于模型准确度影响因素的分析表明，变异函数选取的不同很大程度上会导致不同的站网评价结果，所以对于变异函数的优选准则一定要准确把握，进行多次交叉验证以复核变异函数模型的效果。

（2）基于克里金误差（KSE）选定增设和删减的站点，通过 KSE 图的分析表明该方法是切实可行的。本章建立的克里金– Copula 熵模型可以优选出合适的站网，能够满足冗余信息量较小、信息总量最大、站网内部估计误差最小的目的。

（3）在使用 NI – KSE 准则进行站点优化时，由于信息量指标中的权重系数对于站网优化的结果起到一定的影响，所以需要谨慎处理权重指标的选取。克里金– Copula 熵模型的克里金模块也有一定的不足：在利用克里金误差最小化原则时，本模型优选还是对克里金误差值进行均值化处理，今后的研究中还可以兼顾克里金误差的区域性。当然，克里金法无法对径流数据的非线性特性进行刻画，所以本章建立的克里金– Copula 熵模型仅仅适用于雨量站网的分析。

第 4 章

面向水文站网优化的小样本水文信息熵的不确定分析

4.1 引言

水文学是研究自然界中水的时空分布以及变化规律的一门学科。水文学的研究通常采用两种基本方法，即物理学方法和数理统计学方法。以物理学为基础的水文研究通过建立各个尺度下的物理模型，对影响水文过程的物理要素进行概化；以数理统计学为主的水文研究，或者统计水文学研究，通过对各类水文随机变量建立相应统计模型，并通过对水文过程的模拟预测，对水利工程设计及水旱灾害等风险事件应对提供决策支持。在实际应用中，两类研究方法往往相互借鉴，相辅相成（张济世，2006）。

统计学本质上是处理不确定性的科学，统计水文学是研究水文学中各类不确定性的科学，统计水文学的研究离不开统计基础理论的发展。随着统计学相关学科的发展，回归分析、时间序列分析、随机过程、混沌过程、多元统计、模糊数学、机器学习、信息熵等方法也在水文领域中得到推广。其中，信息熵作为信息科学的基石，定义了信息存储和传输中的不确定性（Shannon，1948）。这与统计学处理不确定性的内涵相一致，因此信息熵也较早地被引入到统计水文研究中。目前，统计水文领域已逐渐形成了基于信息熵理论的水文不确定性研究体系（Singh，2015）。将信息熵或各种泛化意义上的熵作为量化不确定性的统计指标，对水文系统的不确定性进行分析是水文信息熵研究的两大方向之一。

在水文系统不确定性的分析与评价中，信息熵作为一类统计指标，能够揭示研究对象的不确定性，并依此对相应不确定分析问题提供决策依据。在对水文过程进行不确定性分析的研究中，Huang et al.（2011）运用样本熵方法对长江流域径流系统的复杂度进行了研究，研究表明，除去金沙江流域一段，长江上游的径流复杂度呈现出逐渐递减的趋势。后续分析则进一步认为金沙江径流复杂度递增的原因可能是区域降水复杂度的持续上升，而其他河段复杂度的降低可能归因于人类活动影响导致的下垫面改变。Fleming et al.（2013）使用信息熵对水利工程建设前后 Saskatchewan 河流域水文系统波动程度的变动进行了量化，结果表明，由于水利工程的建造，流域水文系统表现出更大的不稳定性。王远坤等（2015）运用多尺度熵方法研究了葛洲坝水库的修建对于长江干流径流不确定性的影响，研究结果表明，长江径流复杂度由上游至下游表现为逐渐递增的趋势，而葛洲坝水库对长江径流的复杂性产生了一定影响，其程度随距离的增大而减弱。Wang et al.（2014）通过将样本熵与小波分析技术相耦合，提出了一种自适应样本熵-小波消噪预测方法，模拟数据和实例均验证了该方法在水文长序列预测中的准确性。

在对水资源区优化等空间域上的不确定性分析中，Chen et al.（2008）提出一种耦合信息熵-克里金的水文站网优化方法，该方法通过信息熵量化了流域内每个雨量站的信息量，并基于条件熵和传递熵值得出最优雨量站网分布。Mahmoudi-Meimand（2015）同时考虑了雨量的方差和信息熵，对伊朗研究区雨量站网的站网数量以及空间分布进行了优化，研究结果表明，信息熵的引入能够显著改善站网优化工作。Liu et al.（2013）运用信息熵和模糊聚类分析对珠江流域大时间尺度下的降水分布进行了分类分析，定义了一种基于信息熵的定向信息转移指数，以量化不同站点间的相似性，并基于模糊聚类分析的结果对整个流域的水资源进行合理分区。Wang et al.（2018）基于最大信息-最小冗余度算法及时变分析，实现了对我国两大流域代表河段站网的动态规划。

在对水文模型进行不确定性分析的研究中，Weijs et al.（2010）指出，可以基于信息熵理论建立一套针对模型预测结果的评价框架。Zeng et al.（2012）分别使用互熵分析与逐步回归分析方法，对地下水位时间序列分布参数的敏感性进行了分析，研究指出，在多元单调非线性关系的刻画方面，互熵分析比逐步回归分析更具优势。刘登峰等（2014）针对水质评价中随机性与模糊性共存问题，通过 Shannon 熵和层次分析法计算各指标的混合熵权，构建了一种多指标的熵-云评价模型，并引入模糊熵作为评价结果的第二维评价参量，以表征水体富营养化的复杂度，为水体富营养化评价提供一种有效的方式。

在水文信息熵"描述性统计"的研究范畴下，无论是针对水文时间序列、水资源区，还是对水文模型，信息熵的准确估计都是必不可少的，这将直接影响后续分析结果的可靠性。然而在基于信息熵的统计水文研究中，一个客观存在的问题往往被忽略：水文数据的稀缺性。国际水文科学协会（International Association of Hydrological Sciences，IAHS）在 21 世纪启动了第一个水文十年计划，计划主题正是缺少资料流域的水文预测（Predictions in Ungauged Basins，PUB）。该计划的核心是减小不确定性，旨在数据稀缺的背景下探索水文模拟的新技术及新方法（Sivapalan et al.，2003）。在基于信息熵的水文不确定性研究中，小样本的问题依旧存在：在数据稀缺的条件下，信息熵的估计值同真实值相比可能存在较大的偏差。因此，小样本条件下如何精确计算水文系统的信息熵是一个值得深入研究的问题。

虽然对于熵估计算法的研究已经有超过 60 年的历史，但是小样本问题也只是近十余年才逐渐得到研究者的关注。这期间更多"基于组概率"的信息熵估计算法被提出，包括生物统计学领域的 Chao - Shen 估计（Chao et al.，2003）；机器学习领域的 James - Stein shrinkage 估计（Hausser et al.，2009）；基于贝叶斯思想的估计算法（Agresti et al.，2005；Holste et al.，1998；Schurmann et al.，1996；Krichevsky et al.，1981），等等。其中，Chao - Shen 估计和 James - Stein shrinkage 估计是两类考虑样本条件的估计方法，在水文学特定的研究场景下，各类信息熵计算方法的有效性有待研究。

4.2　信息熵理论

信息熵的定义包括离散型与连续型两种形式。离散型定义如下：记随机变量 X 的概率分布列 $P = \{p_1, p_2, \cdots, p_N\}$，即 p_i，$i = 1$，2，$\cdots$，N 表示随机变量 X 的 N 种可能取值对应的概率，则其信息熵 $H(X)$ 可以表示为

$$H = -\sum_{i=1}^{N} p_i \log_2 p_i = H(P) \tag{4.1}$$

其中

$$\sum_{i=1}^{N} p_i = 1$$

信息熵的连续型定义如下：记随机变量 X 的概率密度函数为 $f(x)$，若 X 的定义域为 $[k, l]$，则对应的连续型信息熵 H 为

$$H = -\int_{k}^{l} f(x) \log_2 f(x) \, \mathrm{d}x \tag{4.2}$$

可以认为信息熵是随机变量不确定性的度量，变量的不确定性越大，对应的熵值越大。通过信息熵函数的定义式，可以推导出信息熵具有以下重要性质：

（1）非负性，即信息熵值永远大于等于 0：

$$H(P) = H(p_1, p_2, \cdots, p_N) \geqslant 0 \tag{4.3}$$

（2）对称性，即信息熵函数内所有变元 p_i 位置的改变不影响熵值：

$$H(P) = H(p_1, p_2, \cdots, p_N) = H(p_2, p_1, \cdots, p_N)$$
$$= H(p_N, p_2, \cdots, p_1) \tag{4.4}$$

（3）确定性，即当信息熵函数内某一变元 $p_i = 1$（事件发生概率为 1）时，其他变元均为 0，此时信息熵值为 0：

$$H(0, \cdots, 1, \cdots, 0) = 0 \tag{4.5}$$

（4）可加性，即若 $H(X \cdot Y)$ 表示的联合熵：

$$H(X \cdot Y) = -\sum_{i=1}^{N} p(x_i, y_i) \log_2 p(x_i, y_i) \tag{4.6}$$

则当 X 与 Y 相互独立时：

$$H(X \cdot Y) = H(X) + H(Y) \tag{4.7}$$

（5）极值性（Shannon 辅助定理）。对于任意 $p(x_i)$，其对于任意其他概率 $p(y_i)$ 的自信息取数学期望时，必然不小于 $p(x_i)$ 自身的熵：

$$H[p(x_1), p(x_2), \cdots, p(x_N)] = -\sum_{i=1}^{N} p(x_i) \log_2 p(x_i)$$
$$\leqslant -\sum_{i=1}^{N} p(x_i) \log_2 p(y_i) \tag{4.8}$$

4.3　基于小样本水文信息熵的不确定分析

4.3.1　小样本下水文信息熵估计方法的模拟比较——CS、JSS 与 ML 方法

信息熵的计算可以主要归纳为两类路线："基于分布"（distribution-based）或"基于组概率"（cell probability based）（Liu et al.，2016）。以往的水文信息熵研究大多采用"基于分布"的估计策略，然而在"基于组概率"的思路下，信息熵的估计从"基于分布"较烦琐的计算中解放出来，且在具体的分析中能够被赋予更多的物理意义。比较认为，"基于组概率"的方式在计算效率及物理意义上更具优势，本章主要讨论该方式下的信息熵

计算。

在"基于组概率"的计算方式下,记 θ_1,…,θ_p 为具有 p 组可能的随机变量所对应的组概率,满足 $\sum_{k=1}^{p}\theta_k=1$,则该随机变量的信息熵可以表示为

$$H=-\sum_{k=1}^{p}\theta_k\log_2(\theta_k) \tag{4.9}$$

关于分组数 p 的确定,Lall et al.(1993)和 Chiu(1996)给出了几种组宽确定方法,这些方法计算复杂且仅适用于样本量较大的情况。小样本条件下分组数 p 的确定公式为

$$p\approx1.87(n-1)^{\frac{2}{5}} \tag{4.10}$$

式中:n 为随机变量的样本数。

分组数确定后,随机变量的信息熵 H 和组概率 θ_k 需要通过随机变量组计数 y_k 进行估计。在统计水文应用中,一个特定水文系统(例如径流序列)的每个状态都对应于一个 θ_k,而每个 θ_k 需要通过组计数 y_k 进行估计,进而得到整个水文系统的信息熵。

1. 极大似然估计(maximum likelihood,ML)

极大似然估计是最为常用的信息熵估计方法,其对于组概率的估计采用极大似然估计,计算公式如下:

$$\hat{H}^{\mathrm{ML}}=-\sum_{k=1}^{p}\hat{\theta}_k{}^{\mathrm{ML}}\log_2(\hat{\theta}_k{}^{\mathrm{ML}}) \tag{4.11}$$

记似然函数 L 为

$$L(y_1,\cdots,y_p;\theta_1,\cdots,\theta_p)=\frac{n!}{\prod\limits_{k=1}^{p}y_k!}\prod_{k=1}^{p}\theta_k^{y_k} \tag{4.12}$$

信息熵的极大似然估计值通过极大化式(4.12)得到

$$\hat{\theta}_k^{\mathrm{ML}}=\frac{y_k}{n} \tag{4.13}$$

在数据量较大的情况下,极大似然估计被认为是一种有效的信息熵计算方式。然而在"small n,large p",即小样本条件下,极大似然方法的估计效果却存在一定偏差,其估计值显著低于信息熵的真值(Hausser 和 Strimmer,2009)。

2. Chao – Shen 估计(Chao – Shen,CS)

Chao 和 Shen(2003)针对生物研究中样本总体与组概率未知的情况提

出了一种新型信息熵估计方法，即 Chao – Shen 估计。该方法结合了 Horvitz – Thompson 估计（Horvitz 和 Thompson，1952）和 Good – Turing 估计（Good，1953；Orlitsky et al.，2003）的特点，较 ML 等传统信息熵估计方法具有更好的统计特性（Vu et al.，2007）。

Chao – Shen 估计引入样本涵盖率 C 以调整已知样本的组概率 $\hat{\theta}_k^{\mathrm{CS}}$：

$$C = \sum_{k=1}^{p} \theta_i I\left[y_k > 0\right] \approx \hat{C} = 1 - \frac{f_1}{n} \tag{4.14}$$

$$\hat{\theta}_k^{\mathrm{CS}} = \frac{\hat{\theta}_k^{\mathrm{ML}}}{\hat{C}} = \frac{y_k/n}{n - f_1} \tag{4.15}$$

式中：$I[\cdot]$ 为示性函数，即当 $\cdot$ 为真时，$I[\cdot]=1$，否则 $I[\cdot]=0$；f_1 为组计数 $y_k = 1$ 的组数。

$$f_1 = \sum_{k=1}^{p} I\left[y_k = 1\right] \tag{4.16}$$

最后引入 Horvitz – Thompson 方法（Horvitz 和 Thompson，1952），得到信息熵估计值：

$$\hat{H}^{\mathrm{CS}} = -\sum_{k=1}^{p} \frac{\hat{\theta}_k^{\mathrm{CS}} \ln(\hat{\theta}_k^{\mathrm{CS}})}{1 - (1 - \hat{\theta}_k^{\mathrm{CS}})^n} = -\sum_{k=1}^{p} \frac{\hat{C}\hat{\theta}_k^{\mathrm{ML}} \ln(\hat{C}\hat{\theta}_k^{\mathrm{ML}})}{1 - (1 - \hat{C}\hat{\theta}_k^{\mathrm{ML}})^n} \tag{4.17}$$

3. James – Stein Shrinkage 估计（James – Stein Shrinkage，JSS）

James – Stein Shrinkage 估计是对组概率 θ_k 进行 James – Stein 型放缩（James 和 Stein，1961）处理后的新型估计算法。Hausser 和 Strimmer（2009）通过模拟试验验证了该算法在精度和速度上均具有优势，认为该方法是小样本条件下较为理想的信息熵估计方法。

James – Stein 型放缩是对低偏高方差的高维模型和高偏低方差的低维模型的加权平均，JSS 估计得到的组概率 $\hat{\theta}_k^{\mathrm{JSS}}$ 为 ML 估计的组概率 $\hat{\theta}_k^{\mathrm{ML}}$ 与放缩目标 t_k 的加权平均：

$$\hat{\theta}_k^{\mathrm{JSS}} = \lambda t_k + (1 - \lambda)\hat{\theta}_k^{\mathrm{ML}} \tag{4.18}$$

$$t_k = \frac{1}{p}$$

式中：$t_k \in [0,1]$ 为放缩强度。

考虑到 $\mathrm{Bias}(\hat{\theta}_k^{\mathrm{ML}})=0$，通过无偏估计量：

$$\widehat{\mathrm{Var}}(\hat{\theta}_k^{\mathrm{ML}}) = \frac{\hat{\theta}_k^{\mathrm{ML}}(1-\hat{\theta}_k^{\mathrm{ML}})}{n-1} \tag{4.19}$$

进而可得到 λ 的估计值：

$$\hat{\lambda} = \frac{\sum_{k=1}^{p} \widehat{\mathrm{Var}}(\hat{\theta}_k^{\mathrm{ML}})}{\sum_{k=1}^{p} (t_k - \hat{\theta}_k^{\mathrm{ML}})^2} = \frac{1 - \sum_{k=1}^{p} (\hat{\theta}_k^{\mathrm{ML}})^2}{(n-1) \sum_{k=1}^{p} (t_k - \hat{\theta}_k^{\mathrm{ML}})^2} \tag{4.20}$$

将 $\hat{\theta}_k^{\mathrm{JSS}}$ 代入式（4.1）得到 JSS 估计下的信息熵：

$$\hat{H}^{\mathrm{JSS}} = -\sum_{k=1}^{p} \hat{\theta}_k^{\mathrm{JSS}} \ln(\hat{\theta}_k^{\mathrm{JSS}}) \tag{4.21}$$

本节选取水文领域常用的四类概率分布（皮尔逊Ⅲ型分布、广义帕累托分布、广义极值分布、Gumbel 分布），模拟不同样本长度的随机序列，分别使用 ML、Chao - Shen 和 JSS 估计计算模拟序列的信息熵，并进一步计算模拟误差，最终考察样本量的变化对各类方法估计效果的影响。

各类分布的概率密度函数如下：

（1）皮尔逊Ⅲ型分布（P-Ⅲ）。

$$f(x) = (x-\varepsilon)^{k-1} \frac{\exp\left(-\dfrac{x-\varepsilon}{\theta}\right)}{\Gamma(k)\theta^k} \tag{4.22}$$

$$\Gamma(k) = \int_0^\infty t^{k-1} \mathrm{e}^{-t} \mathrm{d}t \tag{4.23}$$

式中：k 为形状参数；θ 为尺度参数；ε 为位置参数；$\Gamma(k)$ 为伽马函数。

（2）广义帕累托分布（GP）。

$$f(x) = \frac{1}{\theta}\left(1 - k\,\frac{x}{\theta}\right)^{\frac{1}{k}-1} \tag{4.24}$$

式中：k 为形状参数；θ 为尺度参数。

（3）广义极值分布（GEV）。

$$f(x) = \frac{1}{\theta}\left[1 - \frac{k(x-\varepsilon)}{\theta}\right]^{\frac{1-k}{k}} \exp\left[-\left(1 - \frac{k(x-\varepsilon)}{\theta}\right)^{\frac{1}{k}}\right] \tag{4.25}$$

式中：k 为形状参数；θ 为尺度参数；ε 为位置参数。

（4）Gumbel 分布（Gumbel）。

$$f(x) = \frac{1}{\theta} \exp\left\{ -\left[\frac{x-\varepsilon}{\theta} + \exp\left(\frac{\varepsilon-x}{\theta}\right) \right] \right\} \tag{4.26}$$

式中：θ 为尺度参数；ε 为位置参数。

各类分布的参数设置见表 4.1。

表 4.1　　　　　　　　信息熵计算随机模拟试验各类分布参数设置表

分布类型	应 用 领 域	参 数 设 置
P-Ⅲ	中国、瑞士、奥地利等国水文频率分析	$k=1$，$\theta=1$，$\varepsilon=0$
GP	水文变量超越数统计等	$k=0.1$，$\theta=100$
GEV	英国、法国等国水文频率分析	$k=0.1$，$\theta=100$，$\varepsilon=0$
Gumbel	水文极值、水文多变量分析等	$\theta=1$，$\varepsilon=0$

模拟结果表明，在小样本条件下，信息熵 JSS 估计的效果优于其他两种估计。

4.3.2　基于 JSS 估计的多尺度滑动信息熵分析（MM-EHA）

在 4.3.1 节模拟试验结果的基础上，提出一种基于 James-Stein Shrinkage 估计的多尺度滑动信息熵分析（multi-scale moving entropy-based hydrological analyses，MM-EHA）方法。在该种方法下，"多尺度"指对于特定水文序列，在不同长度的时间窗内计算其信息熵，以此考察该水文过程在不同时间尺度或分辨率下的不确定性；"滑动"指在固定长度时间窗内计算信息熵时，计算窗口随着时间连续滑动，以此考察在特定分辨率下系统不确定性的变化规律。特别注意的是，对于年度或月度水文时间序列而言，滑动窗口的长度（对应于每次进行信息熵估计时的样本容量）相较于水文变量可能的状态数（取决于水文变量的变动范围以及测量精度）很小，即符合"small n，large p"（小样本，大概率），JSS 估计在此条件下的有效性已在 4.3.1 节的比较研究中得到了验证。

研究选取：①长江流域中游宜昌和汉口站 1950 年 1 月至 2012 年 12 月径流数据；②黄河流域中下游花园口和利津站 1950 年 1 月至 2011 年 12 月径流数据。为分析不同时间尺度下径流系统熵值的演变规律，基于 MM-EHA 方法，构建 400 个月、300 个月、200 个月及 100 个月长度的滑动窗，沿月径流序列连续滑动，滑动步长为 1 个月。按式（4.10）确定分组数，采用 JSS 估计计算滑动窗口内的信息熵 [式（4.21）]，得到各测站信息熵值的滑动时间序列。

　　图 4.1～图 4.4 分别给出了长江宜昌、汉口站及黄河花园口、利津站在不同滑动窗下计算的信息熵序列。

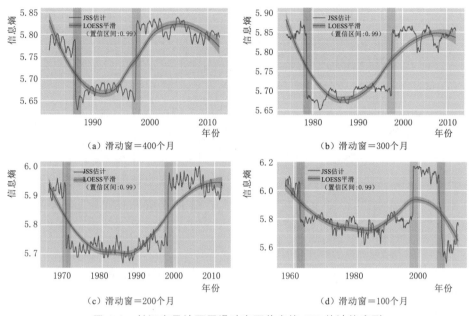

图 4.1　长江宜昌站不同滑动窗下信息熵 JSS 估计值序列

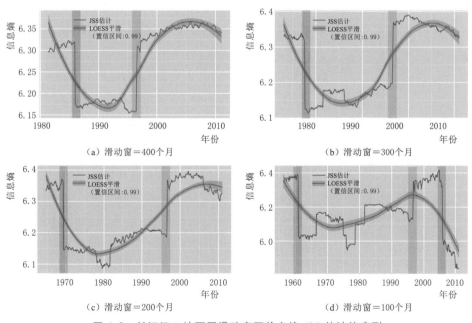

图 4.2　长江汉口站不同滑动窗下信息熵 JSS 估计值序列

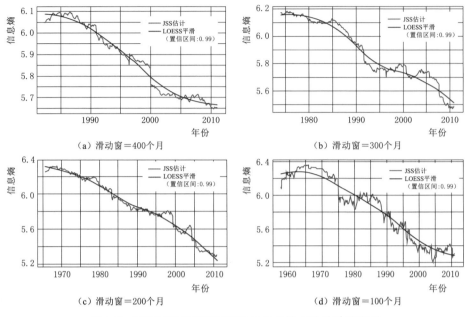

图 4.3　黄河花园口站不同滑动窗信息熵 JSS 估计值序列

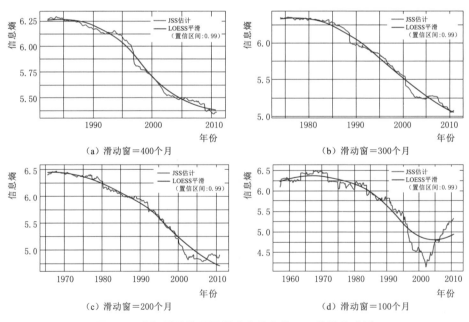

图 4.4　黄河利津站不同滑动窗信息熵 JSS 估计值序列

由图 4.1～图 4.4 可得出长江流域熵值整体先减后增，黄河流域熵值逐渐降低的基本结论。

4.4　本章小结

本章针对水文学研究中观测样本的稀缺性，从方法层面重点引入两种新型信息熵估计算法：Chao - Shen 估计和 James - Stein Shrinkage 估计。模拟试验的结果验证了小样本条件下 James - Stein Shrinkage 估计相较于 Chao - Shen 和传统极大似然方法的优越性。James - Stein Shrinkage 估计可以作为小样本条件下水文信息熵估计的理想算法。在水文不确定性分析应用的场景下，提出了一种基于 JSS 估计的多尺度滑动信息熵分析方法 MM - EHA。研究运用 MM - EHA 方法对长江、黄河流域代表测站径流系统的不确定性进行量化与分析，得到长江流域熵值整体先减后增，黄河流域熵值逐渐降低的基本结论。

观测数据的稀缺性是水文学研究中不可避免的问题，适用于小样本条件的 JSS 信息熵估计方法值得在水文信息熵领域推广。

第5章
基于信息熵的多目标水文站网优化准则的应用与评价

对水文站网进行优化可使收集的水文资料能够充分反映水文要素的时空变异特征，有利于提高水文预报的精度，提升水资源规划与管理水平。本章以太湖流域浙西山丘区雨量站网 45 个雨量站 2007—2016 年逐日降水量为样本，在不同数值离散化条件下，对 3 种基于信息熵的水文站网优化准则（H-C、H-T1-C 和 H-T2-C）进行了对比和评价。在优化准则下的站点排序方面，分析了选用不同准则时的站点秩次差异，多目标准则中指标权重的影响，以及秩次在不同离散化方法下的差异。结果表明，H-T2-C 准则对指标权重的敏感性最高，H-T1-C 准则受离散化方法的影响最大。在优化准则下的帕累托解方面，分析了不同准则生成的帕累托解的联合熵与总相关及站点在帕累托解中的出现频率。结果表明，H-C 准则与 H-T1-C 准则的帕累托解具有高信息量和低冗余度；帕累托解中站点数目增加将增大站点出现频率，减小站点间频率差异。

5.1 引言

水文站网对于提供水文信息、建立水文模型、进行水文预报以及水资源规划与管理具有重要作用。合理规划的水文站网能够充分反映区域内的水文时空变异特征，更好地揭示水文规律。在水文站网规划中，站网密度越大，所提供水文信息的精度越高，信息量越大，同时站网建设的成本和资源的消耗也相应增加。由于不同地区地形地势、气候、植被以及经济发展水平、技术条件的差异，其水文站网的布设状况也具有很大差异。对水文站网进行优化可使收集的水文资料能够充分反映水文要素的时空变异特征，有利于提高水文模拟的精确度。Mishra 和 Coulibaly 及 Chacon – Hurtado 在其综述中归纳了当前用于降水和径流量站网设计的方法（Mishra 和 Coulibaly，2009；Chacon – Hurtado et al.，2017）。其中，由 Shannon 的信息熵理论发展出的信息熵方法（Shannon，1948）在水文站网设计及优化的研究中已有广泛应用（Keum et al.，2017）。信息熵可量化站点收集的信息量以及站点间的信息传递量，为站网设计提供新的思路。

基于信息熵理论的站网优化，即对站点进行优选、组合，在有限的站点数目下，增加站网可承载的信息量，同时降低站点间的信息冗余。基于信息熵的评价指标包括信息传递指数（information transfer index，ITI）、有向信息传递（directional information transfer，DIT）指数等（Mogheir et al.，2002；Mahjouri et al.，2011）。相关的优化方法有 Mahjouri 和 Kerachian 提出的互信息-距离（transinformation – distance，T – D）模型，Mishra 和 Coulibaly 用耦合多元回归的信息传递指数（transinformation index，TI）识别站点显著性或冗余度的方法，以及 Yeh 等耦合克里金插值与信息熵的站点优选方法等（Mishra 和 Coulibaly，2010；Alfonso et al.，2010a）。2010 年，Alfonso 等引入了用于量化站点组合的信息冗余度的指标——总相关，并结合联合熵建立了多目标站网优化方法，应用于荷兰 Delfland 地区圩田地带的水位监测站网优化。此后不同学者基于联合熵、互信息、总相关等指标，建立了各种多目标优化准则，如 Li 等提出的 MIMR 准则，Samuel 等提出的 DEMO 准则等（Li et al.，2012；Samuel et al.，2013）。多目标方法结构清晰、指标含义明确、易于与非信息熵类统计指标结合，同时可预留一定的决策空间，在世界范围内的水文站网优化研究中已得到普遍发展和应用（Samuel et al.，2013；Fahle et al.，2015；Leach et al.，2015；Leach et al.，2016；Keum 和 Coulibaly，2017；Keum et al.，2018）。国内的研究也取得了相应的进展（徐鹏程，2018；袁艳斌 等，2019）。尽管当前研究中基于信息熵的优化方法的基本原则是一致的，即增大信息量、降低冗余度，但各准则是由不同学者在世界范围内不同自然条件下的研究区建立和应用的，对站网评价和优化的结果存在差异。此外，信息熵指标的计算中涉及数值离散化过程，离散方法的选取和参数的设置影响各指标计算值，使优化结果存在不确定性。目前国内外尚缺乏不同信息熵优化准则之间的比较和数值离散化影响的研究。

本章以太湖流域浙西山丘区雨量站网为研究对象，采用两种数值离散化方法，用 3 种基于信息熵的多目标站网优化准则分别进行优化，通过比较各准则下站点排序的秩次差异，优化结果对准则中参数的敏感度，数值离散化方法的选取对秩次的影响程度，以及各站在优化方案的帕累托解中出现频率的差异，对 3 种多目标优化准则进行了对比和评价。

5.2　基于信息熵的水文站网优化方法

5.2.1　信息熵

熵的概念起源于热力学，Shannon（1948）将其引入信息论中，提出信息熵的概念。在概率论和统计学中，熵是随机变量的平均不确定性的度量。熵在水文序列的分布推断、模型的参数估计、水文频率分析等领域已有广泛的应用（桑燕芳 等，2009）。在水文站网中，信息熵可用于量化表征站点所测得的水文序列（如降水量、流量等）所包含的信息。如果随机变量 $X \in S$ 的概率密度函数（probability density function，PDF）为 $p(x)$，则 X 的熵可定义为

$$H(x) = -\sum_{i=1}^{n} p(x_i) \log_2 p(x_i) \tag{5.1}$$

式中：n 为样本容量。

在使用 2 为底的对数函数时，熵的量纲为比特。即在平均意义下，熵表示描述 X 所需的比特数。$H(x)$ 又称作 X 的边缘熵。

类似地，在多变量情形下，对于 d 维随机变量 X_1，X_2，$\cdots$，X_d，如果它们服从联合分布 $p(x_{1,i}, x_{2,j}, \cdots, x_{d,k})$，则其联合熵定义为

$$H(X_1, X_2, \cdots, X_d)$$

$$= -\sum_{i=1}^{n_1} \sum_{j=1}^{n_2} \cdots \sum_{k=1}^{n_d} p(x_{1,i}, x_{2,j}, \cdots, x_{d,k}) \log_2 p(x_{1,i}, x_{2,j}, \cdots, x_{d,k}) \tag{5.2}$$

式中：n_1，n_2，$\cdots$，n_d 为样本容量。

在站网优化中，$H(X)$ 和 $H(X_1, X_2, \cdots, X_d)$ 可分别表征单个或多个站点所包含的信息量。

当随机变量之间的信息存在重叠时，给定一个变量的信息，将会减少对另一变量的认识的不确定性。重叠部分的信息可用互信息（或称传递信息）

表示。对服从联合分布 $p(x,y)$ 的随机变量 X，Y，互信息定义为

$$T(X,Y) = \sum_{i=1}^{m} \sum_{j=1}^{n} p(x_i,y_j) \log_2 \frac{p(x_i,y_j)}{p(x_i)p(y_j)} \tag{5.3}$$

互信息可用于衡量两站点之间的信息传递量，表示信息的冗余程度。不确定性程度的缩减量又称为条件熵，定义为

$$H(X \mid Y) = -\sum_{i=1}^{m} \sum_{j=1}^{n} p(x_i,y_j) \log_2 p(x_i \mid y_j) \tag{5.4}$$

式中：$p(x \mid y)$ 为已知变量 Y 时 X 的条件概率。

且有链式法则：

$$H(X \mid Y) = H(X) - T(X,Y) \tag{5.5}$$

Alfonso et al.（2010a）在 2010 年引入了总相关的概念，将信息冗余度的度量拓展到多变量情形。总相关定义为多变量的边缘熵之和与联合熵的差值，即

$$C(X_1, X_2, \cdots, X_d) = \sum_{i=1}^{d} H(X_i) - H(X_1, X_2, \cdots, X_d) \tag{5.6}$$

上述信息量间的关系可用图 5.1 表示。

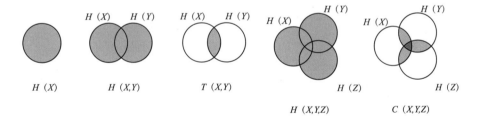

图 5.1　信息熵基本概念示意图

5.2.2　基于信息熵的水文站网优化准则

各优化准则采用不同的信息熵指标对站网承载的信息量进行测度，通过站点的优选和组合，达到增大信息量、降低冗余度的目的。2010 年以来，在水文站网优化中应用较多的三类优化准则（共四种）如下。

5.2.2.1　Alfonso 等的多目标准则（H－C）

Alfonso 等引入总相关指标后，提出了以最大联合熵和最小总相关为优化

准则，即所选的 m 个站点 X_{S_1}，X_{S_2}，$\cdots$，X_{S_m} 同时满足以下两个目标函数（Alfonso et al.，2010b）：

$$\begin{cases} F_1 = \max\{H(X_{S_1}, X_{S_2}, \cdots, X_{S_m})\} \\ F_2 = \min\{C(X_{S_1}, X_{S_2}, \cdots, X_{S_m})\} \end{cases} \tag{5.7}$$

由此可使所选站点的信息总量最大，同时信息冗余度的总和最小。Alfonso 提出的这一准则在水文站网优化方面应用最为广泛。Samuel et al.（2013）在研究中将 Alfonso 的准则完善并发展为 DEMO（dual entropy - multiobjective optimization）准则。

当需对站点作优选或排序时，可加入权重系数 λ，将 H 和 C 整合为单一指标：

$$F = \max\{\lambda H(X_{S_1}, X_{S_2}, \cdots, X_{S_m}) - (1-\lambda)C(X_{S_1}, X_{S_2}, \cdots, X_{S_m})\} \tag{5.8}$$

首个站的选取采用最大边缘熵方法，第 $n(n \geq 2)$ 个站则采用贪婪法，依次选入取得式（5.8）中最大值的站点。参数 λ 一般可选取 0.5，即对信息量和冗余度指标无偏好，本章采用 $\lambda = 0.5$，同时进行了关于 λ 的敏感性分析。

5.2.2.2　Li 等的多目标准则（H - T1 - C，H - T2 - C）

Li et al.（2012）在 Alfonso 等的准则的基础上，加入了评估入选站点 X_{S_1}，X_{S_2}，$\cdots$，X_{S_m} 和未入选站点 X_{R_1}，X_{R_2}，$\cdots$，$X_{R_{n-m}}$ 间信息传递量的指标，以便能根据所选站点的观测值最大程度地推断未设站地点的水文信息，包含以下两种形式：

$$\begin{cases} F_1 = \max\{H(X_{S_1}, X_{S_2}, \cdots, X_{S_m})\} \\ F_2 = \max\left\{\sum_{i=1}^{n-m} T(X_{S_1}, X_{S_2}, \cdots, X_{S_m}; X_{R_i})\right\} \\ F_3 = \min\{C(X_{S_1}, X_{S_2}, \cdots, X_{S_m})\} \end{cases} \tag{5.9}$$

或

$$\begin{cases} F_1 = \max\{H(X_{S_1}, X_{S_2}, \cdots, X_{S_m})\} \\ F_2 = \max\{T(X_{S_1}, X_{S_2}, \cdots, X_{S_m}; X_{R_1}, X_{R_2}, \cdots, X_{R_{n-m}})\} \\ F_3 = \min\{C(X_{S_1}, X_{S_2}, \cdots, X_{S_m})\} \end{cases} \tag{5.10}$$

即优化目标为最大信息量、最大信息传递、最小信息冗余，也称为 MIMR（maximum information minimum redundancy）准则。类似地，在站点排序中，首选站点为取得最大边缘熵 $\max\{H(X_i)\}$ 的站点，后续站点根据由权重系数 λ 整合的单一指标由贪婪法获得，即在每一步取得

$$F = \max\{\lambda\left[H(X_{S_1}, X_{S_2}, \cdots, X_{S_m}) + \sum_{i=1}^{n-m} T(X_{S_1}, X_{S_2}, \cdots, X_{S_m}; X_{R_i})\right]$$
$$- (1-\lambda)C(X_{S_1}, X_{S_2}, \cdots, X_{S_m})\} \tag{5.11}$$

或

$$F = \max\{\lambda\left[H(X_{S_1}, X_{S_2}, \cdots, X_{S_m}) + T(X_{S_1}, X_{S_2}, \cdots, X_{S_m}; X_{R_1}, X_{R_2}, \cdots, X_{R_{n-m}})\right]$$
$$- (1-\lambda)C(X_{S_1}, X_{S_2}, \cdots, X_{S_m})\} \tag{5.12}$$

Li 的研究表明，λ 取 0.8 时站网优化效果较好，故本章采用 $\lambda=0.8$ 时的 MIMR 准则，同时进行了该准则关于 λ 的敏感性分析。

5.2.3 数值离散化方法

为计算信息熵，需对水文变量的观测序列作离散化处理，研究中常用的离散化处理方法主要包括以下几种：

（1）地板函数取整（floor function rounding，FFR）方法（Alfonso et al.，2010a）：

$$x_q = a\left[\frac{2x+a}{2a}\right] \tag{5.13}$$

式中：x 为原观测值；x_q 为离散化后的数值；$[\cdot]$ 为下取整；a 为地板函数的参数，本书中选用 $a=5$ 进行计算。

（2）等箱宽的直方图（equal width histogram，EWH）方法。其中箱宽的设置可以通过 Scott 和 Sturges 两种方法计算（EWH－Sc，EWH－St）得到（Scott，1979；Sturges，1926）

$$EWH-Sc: w_{Sc} = 3.49sN^{-1/3} \tag{5.14}$$

$$EWH-St: w_{St} = \frac{R_x}{1+\log_2 N} \tag{5.15}$$

式中：w_{Sc}、w_{St} 为箱宽；s 为 x 的标准差；N 为样本容量；R_x 为 x 的取值范围。

5.3 基于信息熵的多目标站网优化实例分析

5.3.1 研究区概况和数据选取

太湖流域西南部的山丘区面积为 5930.9km²，山地由北部的界岭山脉和西南至东北方向延伸的天目山脉组成。区域属中亚热带季风气候区，四季分明，气候温和，雨量丰沛，降水多集中在 5—9 月，年平均气温为 16～18℃，年降水量为 1100～1150mm。年内有 3 个雨季，即 4—5 月的春雨、6—7 月的梅雨和 8—9 月的台风暴雨。区域内的雨量站网由 45 个雨量测站组成，分布如图 5.2 所示。本章选用 2007—2016 年的日降水量序列进行站网优化准则的研究。

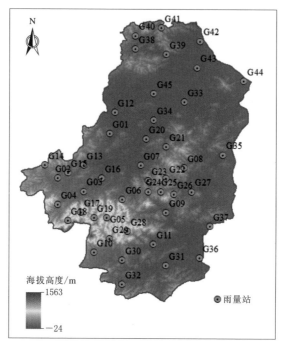

图 5.2　研究区位置及雨量站分布示意图

5.3.2　站点排序秩次分析

为探究多目标准则 H-C、H-T1-C 与 H-T2-C 中参数 λ 的选取对排序结果的影响，图 5.3 和图 5.4 分别展示了采用 FFR 离散化方法和 EWH-Sc 离散化方法计算的不同 λ 取值下的站点排序秩次。由于 λ 的取值决定站网优化目标中信息量和冗余度的权重，其取值变化使站点的秩次发生波动。由图 5.3 和图 5.4 可见，大部分站点的秩次较稳定，部分站点的秩次几乎不随 λ 变化，如 G08、G16、G19、G24、G44 等；少数站点秩次随 λ 取值变化波动较大，如 G14 随 λ 的增大秩次升高，G40 则随 λ 的增大秩次降低。3 种多目标准则中，H-T2-C 对应的站点秩次波动最大，即对参数 λ 最敏感，表明在这一准则下需根据优化需求合理选择参数值。对比

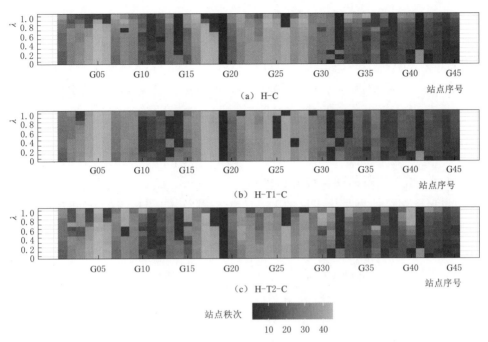

（a）H-C

（b）H-T1-C

（c）H-T2-C

站点秩次

10　20　30　40

图 5.3　多目标准则 H-C、H-T1-C 与 H-T2-C 对应站点
秩次随参数 λ 取值的变化（采用 FFR 离散化方法计算）

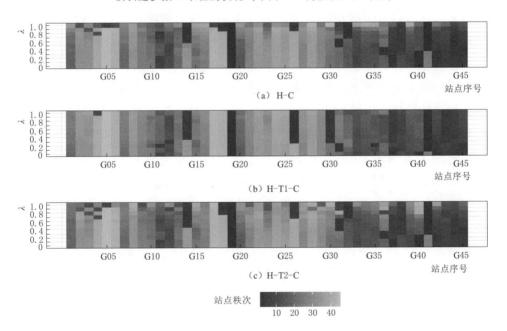

（a）H-C

（b）H-T1-C

（c）H-T2-C

站点秩次

10　20　30　40

图 5.4　多目标准则 H-C、H-T1-C 与 H-T2-C 对应站点
秩次随参数 λ 取值的变化（采用 EWH-Sc 离散化方法计算）

图 5.3、图 5.4 发现，离散化方法的选取会影响站点秩次的计算结果，在 3 种优化准则中，H－T1－C 准则在不同离散化方法下的秩次差异最大，表现为站点 G10、G13、G25、G26、G30、G31、G33、G39 的秩次变动；H－C 及 H－T2－C 受离散化方法的影响较小，但站点 G31、G33 的秩次仍有明显差异。

5.3.3　多目标准则的帕累托优化结果

5.3.3.1　帕累托解的联合熵与总相关

对包含多个信息量化指标的 H－C、H－T1－C、H－T2－C 准则，设定站点数目 n_p 占总数（45 站）的百分比为 $c=25\%$、50%、75%（即 $n_p=11$、22、34），各随机生成 10000 个站点组合，从中选取符合各优化准则的帕累托解。由于 H－C 准则中的联合熵与总相关指标同时包含于 H－T1－C、H－T2－C 准则内，且秩次分析表明 H－C 准则与其他准则的相关性较高，优化结果在时域上较稳定。因此，对 H－T1－C、H－T2－C 准则下的帕累托解在 H－C 准则的联合熵 H 和总相关 C 指标上的表现进行分析，图 5.5 和图 5.6 分别为采用 FFR 和 EWH－Sc 离散方法计算的结果。在不同站点数目情形下，H－T1－C 准则的帕累托解与 H－C 准则高度重合，少数未重合的散点分布在帕累托曲线附近。H－T2－C 准则下的帕累托解数目较多，但部分解偏离帕累托曲线较远，表现为总信息量的降低和冗余度的增加，且随站点数目的增大更加显著。结果表明，H－C 与 H－T1－C 准则生成的帕累托解更为一致。

5.3.3.2　帕累托解中的站点频率

图 5.7 为采用 FFR 离散方法（用 EWH－Sc 方法的情形与之类似），在不同站点数目情形及各优化准则下，45 个雨量站在帕累托解中出现的频率差异，反映了站点间的显著程度差异。高频站点出现在区域北部的界岭山脉南麓及西南部的天目山脉处，而低频站点多分布于中部的低山丘陵及平原地带。由图 5.7（a）～（c）可知，随着站点数目增大，帕累托解中站点频率的差异减小。由图 5.7（b）、（d）和（e）可知，3 种优化准则下站点频率差异状况基本一致，表明优化方法对站点频率的影响较小。由图 5.7（b）和（f）可知，离散化方法的选取对频率差异无显著影响。

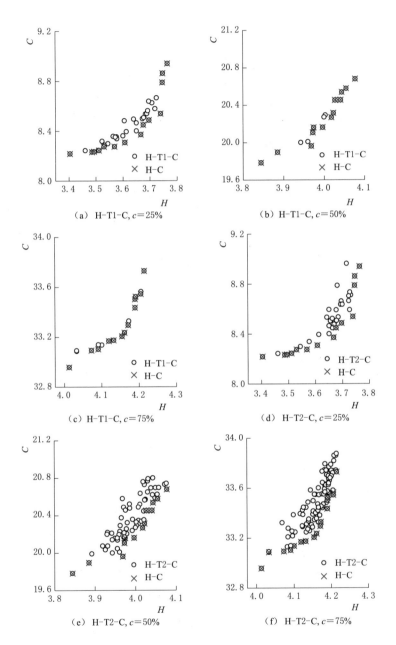

图 5.5 多目标准则 H-C、H-T1-C 及 H-T2-C 对应帕累托解的
联合熵 H 与总相关 C（采用 FFR 离散化方法计算）

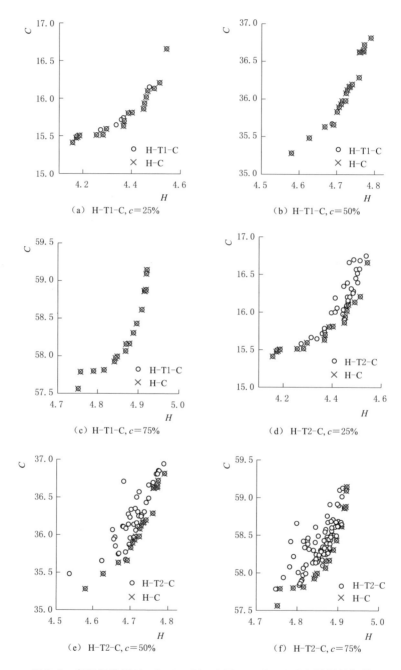

图 5.6　多目标准则 H－C、H－T1－C 及 H－T2－C 对应帕累托解的
联合熵 H 与总相关 C（采用 EWH－Sc 离散化方法计算）

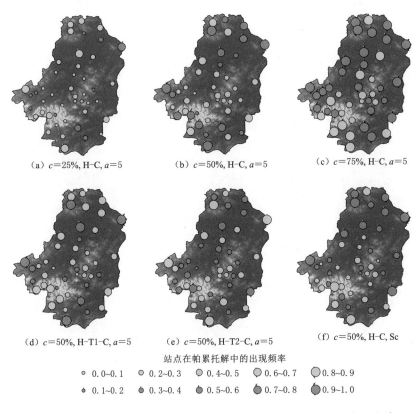

（a）c＝25%，H‐C，a＝5　　　（b）c＝50%，H‐C，a＝5　　　（c）c＝75%，H‐C，a＝5

（d）c＝50%，H‐T1‐C，a＝5　（e）c＝50%，H‐T2‐C，a＝5　（f）c＝50%，H‐C，Sc

站点在帕累托解中的出现频率

○ 0.0~0.1　○ 0.2~0.3　● 0.4~0.5　● 0.6~0.7　● 0.8~0.9

● 0.1~0.2　● 0.3~0.4　● 0.5~0.6　● 0.7~0.8　● 0.9~1.0

图 5.7　多目标准则 H‐C，H‐T1‐C，H‐T2‐C 下 45 个雨量站
在帕累托解中的出现频率

5.4　本章小结

本章对不同数值离散化方式下，3 种基于信息熵的多目标水文站网优化
准则 H‐C、H‐T1‐C，H‐T2‐C 在浙西山丘区雨量站网中的应用进行了
比较和评价。

对优化准则的站点排序秩次分析表明：①多目标准则中权重系数 λ 的变
化会引起站点秩次变化，H‐T2‐C 准则对 λ 的敏感度最高；②离散化方法
的选取会影响站点秩次，其中 H‐T1‐C 准则在两种离散化方法下的计算结
果差异最大。

对优化准则的帕累托优化结果的分析表明：①H‐C 与 H‐T1‐C 准则

产生的帕累托解重合度高，表现为高信息量和低冗余度；②不同优化准则和离散化方法下，站点在帕累托解中的出现频率基本一致，帕累托解中站点数目的增大将提高站点频率，并减小站点间的频率差异。

　　基于信息熵的水文站网优化方案因采用不同准则、离散化方法、指标权重系数及样本序列而具有不确定性，未来研究应着力于指标熵值的精确计算，优化准则的完善统一，以及对优化方案基于物理机制的验证与评估。在利用信息熵指标进行水文站网的评价及优化时，应根据决策偏好合理选择优化准则，使用多种离散化方法作对比分析，并评估多目标准则中的参数敏感性及优化方案内站点数目的影响。

第6章
基于信息熵理论的水文站网动态优化评价方法

6.1 引言

站网优化是水文的顶层设计，也是解决水文工作的战略问题，可以认为站网优化是水文学中最复杂的一个问题（陆桂华 等，2001）。水文站网优化的原则是"根据需要和可能，着眼于依靠站网的结构，发挥站网的整体功能，提高站网产出的社会效益和经济效益"（段文超和周裕红，2009）。因此，如何采用科学可靠的方式，以最经济合理的测站数目、分布位置来获取所需要的水文数据和水文信息，满足经济和社会发展的需要，是一个非常有价值的问题。关于站网优化的研究方法（Mishra et al.，2009）主要包括：①基于统计的方法；②基于信息论的方法；③用户调查方法；④样本策略；⑤耦合方法等。近年来更普遍受到关注的方法多集中在信息论方面，并且已经形成了基于信息熵理论的几种站网优化思路，按照 Fahle et al.（2015）的分类大致包括：①推导站点间最小地理距离或是建立区域信息地图；②按照目标函数给出最优站点集合或排序；③基于多个指标的多目标站网优化等。

受气候变化、人类活动以及水文过程非平稳性的影响，时间变率和空间差异在站网优化设计中产生的时空效应也渐渐受到重视。Wei et al.（2014）以台湾地区台大实验林场地为研究区，探讨了时空尺度效应对雨量站网设计的影响；Mishra et al.（2014）研究了季节性流量变化对流量站网优化的影响；Fahle et al.（2015）将数据子集和全集用于站网设计并对比结果，同时考虑干湿气象条件对水位站网的影响。

6.2　基于信息熵的动态优化模型构建

6.2.1　信息熵评价方法

熵理论来源于 19 世纪的经典热力学，贝尔实验室的 Shannon 将其引入信息科学领域，作为系统不确定性或信息量的度量（Shannon，1948）。信息熵理论利用概率分布和相关公式量化了信息的不确定性，提出了诸多相关的数学概念和基本性质，使得该理论在水系统研究中发挥重要的作用（王栋和朱元甡，2001）。

站网优化评价的一个重要问题就是站网中站点评价体系的建立和时空分布的表现评价。将水文站网看成一个信号通信网络，评价每个站点所含信息量以及传递信息量的多少，从而达到整体优化的效果。信息熵理论在这一过程中最大的优点就在于将站网体系的信息量、信息传递和信息冗余直观量化，从而便于建立合理的评价目标函数。站网优化思路大致可以概括为：最大化信息量和最小化冗余量（MIMR），可通过 Li et al.（2012）提出的 MIMR 贪心算法来实现。目标函数定义如下：

$$
\begin{aligned}
\mathrm{maxMIMR} = &\lambda_1 \left[H(X_{S_1}, X_{S_2}, \cdots, X_{S_k}) + \sum_{i=1}^{m} T(\langle X_{S_1}, X_{S_2}, \cdots, X_{S_k} \rangle; X_{F_i}) \right] \\
& - \lambda_2 C(X_{S_1}, X_{S_2}, \cdots, X_{S_k})
\end{aligned} \tag{6.1}
$$

约束条件为

$$
k + m = N
$$

$$
H(X_{S_1}, X_{S_2}, \cdots, X_{S_k}) \geqslant Pct \times H(X_{S_1}, X_{S_2}, \cdots X_{S_k}, X_{F_1}, X_{F_2}, \cdots, X_{F_m})
$$

$$\tag{6.2}$$

其中，目标函数的前两项代表站网的总信息量和信息传递量，最后一项代表站网的冗余量。λ_1、λ_2 为信息量和冗余量权重系数，在站网优化体系中首要的任务是最大化信息量，因此一般来说 $\lambda_1 > \lambda_2$，且 $\lambda_1 + \lambda_2 = 1$。$k$ 代表选出的站点数（归入集合 S），m 代表未选出的站点数（归入集合 F），N 则为站网中所有站点的总数。Pct 代表初始设定阈值，表示选出的站点总信息量占所有站点总信息量的比重。确定了目标函数以后，MIMR 运用了贪心排序算法，首先选取边缘熵最大的站点，再按照目标函数最大化的标准逐步选出站点，直到达到设定的阈值（Pct）为止，当站网中所有站点都被选出时，即得到全部站点重要性的排序。

6.2.2　动态优化评价框架

本章旨在克服雨量站网设计中的固定时间序列问题，采用动态优化评价方法考虑站网设计中的时间变率，提供一种基于信息熵理论和时间变率分析的站网优化评价框架，耦合 MIMR 贪心排序和滑动时间窗提取序列，达到动态雨量站网优化评价的目的，包括如下步骤：

（1）获得雨量站网中所有站点的长时间序列降水数据。

（2）按研究需要设定时间窗宽（如 1 年、2 年、5 年等）。

（3）确定滑动步长（如 1 天、10 天等），在各站点的全长时间序列上滑动时间窗，获得各组起始日期不同的等长时间序列。

（4）对同一起始时间的各站点降雨时间序列进行站网优化设计，优化方法为 MIMR 贪心排序算法，得到基于不同序列的 MIMR 优化结果，包括总信息量、信息传递量、总冗余量、优选站点集，以及按重要性从大到小的站点排序。

（5）对站网中的每个站点，计算相应的排序紊乱指数（ranking disorder index，RDI），RDI 的定义来源于分配熵（apportionment entropy，AE），其表达式为

$$AE = -\sum_{i=1}^{n} \frac{r_i}{N} \log_2 \left(\frac{r_i}{N} \right) \tag{6.3}$$

$$RDI = AE/\log_2 n \tag{6.4}$$

式中：n 为一个站点所有可能排序位的数目（等于站网中所有站点的数目）；N 为该站点所有排序的总数目；r_i 为该站点排第 i 位的数目；AE 的最大值为 $\log_2 n$，所以 RDI 是一种标准化形式的 AE。

（6）按照 RDI 降序排列所有站点，得出重要性排序随时间变化波动最大的站点。

（7）得到关于动态站网优化设计的建议。

基于信息熵理论的动态雨量站网优化评价方法，将 MIMR 贪心算法与滑动时间窗耦合应用到雨量站网优化评价中来，相对于现有技术具有如下特点：

1）不改变原始 MIMR 站网优化算法的结构，对雨量站网以及其他各种水文站网适用性和可操作性强。

2）考虑序列长度、时间变率等要素对站网优化的影响，从动态变化的角度

补充了现有站网优化分析的不足，可用于识别站网体系的时间变化特征。

综上所述，将 MIMR 贪心算法和滑动时间窗结合起来，既能解决雨量站网优化评价中的不确定性，又能识别站网体系的时间变率特性，具有合理性和有效性。

6.3　水文站网动态优化模型实例分析

6.3.1　研究区域

长江和黄河是我国最重要的两大河流，在自然地理和水文气象特性上也存在着典型差异，本章选取的两个案例——渭河流域西安地区和太湖流域上海地区是这两大流域内具有代表性的区域，同时也是人口集中的两大城市所在地，因此对其雨量站网的优化布设研究具有重要意义。

本章以上海地区（共 47 个雨量站）和西安地区（共 53 个雨量站）雨量站网为例，验证了动态雨量站网优化评价方法的合理性和有效性。其中为了对比优化结果，上海地区又分为浦东和浦西，西安地区又分为平原和山丘，降雨日值时间序列的总长度为 10 年（2006—2015 年）。研究区示意图如图 6.1 所示。

6.3.2　原始 MIMR 站网优化

在利用滑动序列进行雨量站网优化之前，基于全长度序列（10 年）的 MIMR 排序和优化结果见表 6.1。总体来说，西安地区平原和山丘选择站点的比例高于上海地区浦东和浦西，而平原和山丘的 MIMR 值相对较低，较低的 MIMR 值主要是由于平原和山丘的信息传递量较低。

表 6.1　全长度序列 MIMR 雨量站网优化结果

优选结果	上 海 地 区		西 安 地 区	
	浦　东	浦　西	平　原	山　丘
选出站点数/个	12	13	17	21
选出站点集合	{21, 22, 17, 1, 15, 11, 19, 5, 10, 13, 18, 2}	{12, 4, 18, 17, 16, 3, 24, 13, 6, 2, 20, 5, 14}	{6, 22, 5, 2, 14, 11, 8, 20, 1, 21, 17, 10, 15, 9, 18, 12, 4}	{15, 6, 23, 28, 24, 17, 26, 19, 3, 25, 18, 29, 10, 21, 22, 11, 7, 20, 8, 27, 5}
已选站点百分比/%	52.17	54.17	70.83	72.41

续表

优选结果	上海地区		西安地区	
	浦 东	浦 西	平 原	山 丘
总信息量/bits	5.97	5.87	5.38	6.66
信息传递量/bits	25.65	26.01	12.20	15.90
总冗余量/bits	21.88	24.40	21.57	31.14
MIMR 值/bits	20.92	20.63	9.75	11.82

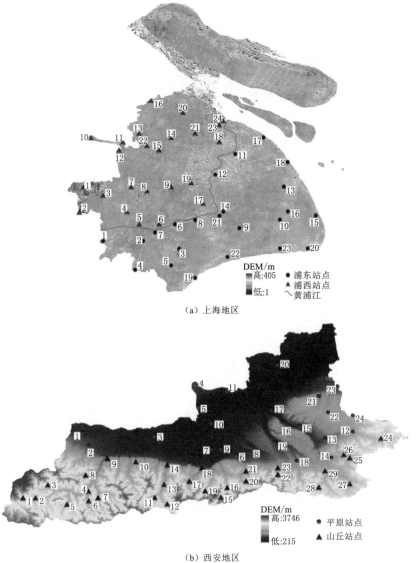

（a）上海地区

（b）西安地区

图 6.1 研究区域雨量站网分布示意图

由表 6.1 得出的结论可归纳为以下两点：

（1）同区相似性：同一个研究地区的子区域优选结果和各项指标相似，体现在，浦东和浦西的选出站点数、已选站点百分比和信息指标均较为相似。

（2）异区差异性：不同研究地区的站网优选结果和部分指标（已选站点百分比、信息传递量、MIMR 值）差异显著，体现在西安地区选出的站点百分比高于上海地区，另外站点的信息传递量较低，MIMR 值也相对较低。

6.3.3　动态站网优化结果

对站网降雨日值序列进行滑动时间窗处理，并利用 MIMR 贪心算法得到不同序列下的站网优化结果，图 6.2 给出了 1 年、2 年、5 年 3 种窗宽下优化站网总信息量的变化趋势。同时，分别取 1 年、2 年、5 年 3 种窗宽下，总信息量较高和较低两种情形，共计 6 种情形。由不同情形下的优选结果可知，不同滑动序列即便序列长度一致，优选站点数和具体站点也有所差异，其中在上海浦西的差异更为明显。

（1）将表 6.1 和表 6.2 进行对比，选出的站点数仅在情形 2 和情形 6 下与全长度序列相同（13 个站）；同时，虽然两种情形下大部分选出的站点与表 6.1 结果相似，但仍有少数站点不完全重合，表明了时间变化对雨量站网优化评价结果的影响。

（2）将表 6.1 和表 6.3 进行对比，选出的站点数在情形 2、情形 4、情形 5 和情形 6 下与全长度序列相同（17 个站）；同样的，选出的具体站点在各种情形下不完全一致。

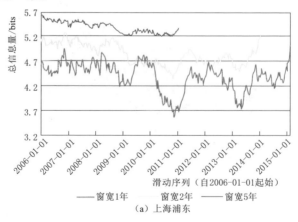

（a）上海浦东

图 6.2（一）　1 年、2 年、5 年窗宽下优化站网总信息量的变化趋势

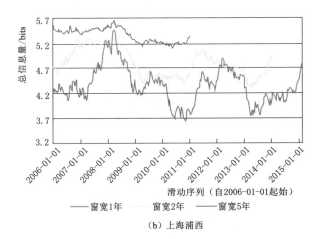

（b）上海浦西

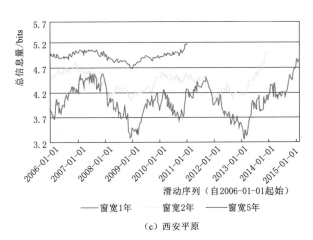

（c）西安平原

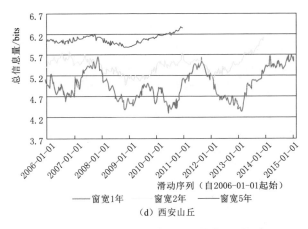

（d）西安山丘

图 6.2(二)　1 年、2 年、5 年窗宽下优化站网总信息量的变化趋势

（3）对照表 6.1～表 6.3 中的总信息量、信息传递量和总冗余量，可以发现总冗余量受到序列长度（窗宽）影响最大，尤其对于上海浦西，序列长度为 1 年（情形 1 和情形 4）与全长度序列的冗余量差异明显。

表 6.2　　　　　　　　上海浦西 6 种情形下的站网优化结果

优化结果	情形 1	情形 2	情形 3
起始日期	2008 - 03 - 01	2008 - 03 - 01	2008 - 03 - 01
结束日期	2009 - 03 - 01	2010 - 03 - 01	2013 - 03 - 01
总信息量/bits	5.39	5.24	5.60
信息传递量/bits	32.35	22.15	26.29
总冗余量/bits	6.60	20.19	20.54
MIMR 值/bits	28.87	17.88	21.40
选出站点数/个	6	13	12
选出站点集合	{12, 19, 5, 1, 8, 4}	{12, 17, 4, 23, 3, 5, 13, 16, 9, 6, 18, 2, 14}	{12, 19, 2, 20, 5, 18, 24, 16, 7, 6, 22, 4}
优化结果	情形 4	情形 5	情形 6
起始日期	2009 - 04 - 05	2009 - 04 - 05	2009 - 04 - 05
结束日期	2010 - 04 - 05	2011 - 04 - 05	2014 - 04 - 05
总信息量/bits	4.15	4.45	5.14
信息传递量/bits	29.03	25.91	22.77
总冗余量/bits	8.41	13.87	23.77
MIMR 值/bits	24.86	21.51	17.58
选出站点数/个	7	10	13
选出站点集合	{10, 17, 24, 2, 11, 5, 18}	{10, 17, 24, 14, 5, 18, 22, 3, 4, 20}	{11, 5, 18, 1, 16, 4, 24, 3, 13, 6, 2, 20, 9}

表 6.3　　　　　　　　西安平原 6 种情形下的站网优化结果

优化结果	情形 1	情形 2	情形 3
起始日期	2007 - 06 - 25	2007 - 06 - 25	2007 - 06 - 25
结束日期	2008 - 06 - 25	2009 - 06 - 25	2012 - 06 - 25
总信息量/bits	4.49	4.57	5.03
信息传递量/bits	14.76	10.99	10.00
总冗余量/bits	15.44	17.93	21.44
MIMR 值/bits	12.31	8.86	7.73
选出站点数/个	15	17	18

优化结果	情形1	情形2	情形3
选出站点集合	{12, 4, 6, 11, 18, 9, 2, 20, 8, 15, 21, 14, 1, 17, 3}	{12, 5, 6, 7, 11, 8, 9, 2, 21, 1, 20, 17, 18, 14, 15, 3, 4}	{6, 5, 24, 2, 21, 11, 9, 1, 20, 14, 17, 10, 8, 22, 18, 15, 16, 4}

优化结果	情形4	情形5	情形6
起始日期	2008-12-26	2008-12-26	2008-12-26
结束日期	2009-12-26	2010-12-26	2013-12-26
总信息量/bits	3.49	4.07	4.67
信息传递量/bits	8.97	10.07	10.97
总冗余量/bits	14.72	16.61	19.00
MIMR值/bits	7.02	7.99	8.71
选出站点数/个	17	17	17
选出站点集合	{6, 16, 2, 12, 11, 21, 20, 9, 8, 10, 1, 22, 17, 24, 14, 15, 5}	{6, 23, 2, 13, 11, 10, 9, 21, 1, 8, 20, 17, 14, 5, 22, 15, 4}	{6, 23, 2, 12, 11, 9, 21, 10, 1, 20, 14, 22, 17, 8, 13, 15, 4}

6.3.4 站点排序紊乱指数

根据不同窗宽的滑动序列 MIMR 优化结果，选取各地区 RDI 排序最高的前5个站点做进一步分析。从表6.4中可以发现，在不同的窗宽设置下，站点的 RDI 排序也有差别，但有的站点在不同窗宽下都呈现较高的站网优化排序紊乱程度，如上海浦东的站点20和站点5，西安平原的站点22和站点8。同时由表6.4可知，对同一站点来说窗宽越长站点的 RDI 越小，如上海浦东的站点20，在1年、2年和5年的窗宽下 RDI 分别为0.96、0.93和0.82，说明随着滑动时间序列长度增加，站点排序的波动程度略有减小。

表6.4　　　　　　　各地区站点排序紊乱指数（RDI）表

研究区	窗宽	RDI排序最高的前5个站点				
上海浦东	1年	站点编号	18	22	16	20	5
		RDI	0.97	0.96	0.96	0.96	0.95
	2年	站点编号	23	5	20	9	4
		RDI	0.94	0.93	0.93	0.92	0.92
	5年	站点编号	23	20	4	5	15
		RDI	0.87	0.82	0.81	0.81	0.79

续表

研究区	窗宽	RDI 排序最高的前 5 个站点				
上海浦西	1 年	站点编号	18	2	20	23	17
		RDI	0.98	0.96	0.96	0.95	0.94
	2 年	站点编号	2	17	1	14	3
		RDI	0.95	0.92	0.92	0.92	0.91
	5 年	站点编号	4	8	14	21	23
		RDI	0.93	0.86	0.83	0.83	0.83
西安平原	1 年	站点编号	12	18	22	8	24
		RDI	0.96	0.93	0.92	0.89	0.88
	2 年	站点编号	8	18	22	10	13
		RDI	0.89	0.89	0.88	0.85	0.83
	5 年	站点编号	13	8	9	22	14
		RDI	0.84	0.79	0.79	0.72	0.69
西安山丘	1 年	站点编号	21	4	5	27	3
		RDI	0.92	0.91	0.90	0.90	0.89
	2 年	站点编号	2	1	3	5	6
		RDI	0.88	0.88	0.86	0.85	0.85
	5 年	站点编号	2	4	1	21	8
		RDI	0.88	0.83	0.79	0.78	0.77

6.3.5　季节性变化影响

时间变率的内在驱动因子是降雨分布模式在空间和时间上的变化。因此，将整个数据集分为湿季（5—9 月）和干季（10 月至次年 4 月），讨论不同气象条件下的雨量站网优化问题。在湿季和干季，最优站网结果和相关站网表现有所不同，见表 6.5。总的来说，湿季比干季倾向于产生更多的信息量以及更高的信息传递量，表明湿季站点的信息传递能力更高；尽管信息量值和排序有所差异，由重叠率可知，3 种情形下的大部分已选站点都较为相似。不同情况下的 MIMR 值表明，湿季的最优站网比干季的最优站网具有更高的信息效率，即以更少的站点获得更多的系统信息量。

表 6.5   干、湿季雨量站网优化结果对比

研究区	季节条件	站点总数/个	已选站点数/个	重叠率	总信息量/bits	总冗余量/bits	信息传递量/bits	MIMR值/bits
上海浦东	干季	23	12	75%	6.35	25.29	21.15	21.08
	湿季		13	69.23%	4.88	21.92	22.57	16.92
	全序列		12	—	5.97	25.65	21.88	20.92
上海浦西	干季	24	14	57.14%	6.30	23.45	26.06	18.59
	湿季		14	78.57%	4.75	22.22	25.12	16.56
	全序列		13	—	5.87	26.01	24.40	20.63
西安平原	干季	24	19	73.68%	6.29	10.38	30.40	7.26
	湿季		19	89.47%	4.09	6.31	16.76	4.97
	全序列		17	—	5.38	12.20	21.57	9.75
西安山丘	干季	29	19	78.95%	7.49	23.01	32.66	17.87
	湿季		23	78.26%	5.18	9.31	24.90	6.61
	全序列		21	—	6.66	15.90	31.14	11.82

6.4 本章小结

本章利用最大信息最小冗余准则以及滑动时间窗探讨了动态站网优化，从而分析了时间变异性对水文站网设计的影响；利用排序紊乱指数（RDI）评价雨量站点重要性排序的波动程度，并进一步研究气象条件（干季和湿季）对站网优化的影响。结论表明，耦合 MIMR 贪心算法与滑动时间窗可以有效地将时空分析集成到水文站网优化设计中，时间变异性（包括季节性变化）对雨量站网优化的结果及表现影响较大，体现在不同滑动窗宽下最优站网的信息量呈现出相似甚至周期性的变化规律，动态站网优化评价有助于考虑时间变异性对站网优化设计的影响，并识别短期性重要或冗余的雨量站，提升站网优化设计在动态变化条件下的合理性和可靠度。

第 7 章

最优矩约束极大熵（OM – POME）水文分布推断研究

7.1　引言

参考应用统计学研究的划分逻辑，基于信息熵理论的统计水文学研究至少可以概括为以下两大类（Liu et al.，2016）：①描述性统计，即基于对信息熵，或各种泛化意义上的熵的估计，量化各水文变量的不确定性；②推断性统计，即基于极大熵模型对水文研究对象的概率分布进行推断。其中第一类已经在第6章讨论过，本章针对统计水文学研究中的推断性统计展开研究。

推断性统计的研究，基于极大熵原理（principle of maximum entropy，POME）（Jaynes，1957）等信息熵准则，在特定约束条件下建立并求解相应目标函数，对水文随机变量的概率分布进行推断及后续研究。在信息熵推断性统计的研究中，随着研究变量种类的扩展以及水文变量非一致性特征的加强，不同水文变量的概率分布模式也呈现多样化趋势，单一的参数型分布很难对其进行有效刻画，此谓样本分布的多态性问题。这一问题对基于极大熵模型研究提出了更高的要求。

在水文学研究领域中，Sonuga（1972）首先基于既定均值与标准差，通过极大熵原理推导了正态分布；并进一步定义了条件熵的概念，推导了径流对降雨的条件分布。此后，一系列参数型分布，包括 Gamma 分布、皮尔逊Ⅲ型分布及极值Ⅰ型分布（Singh et al.，1986）等均被证明可以通过极大熵原理推求得到。与单一参数型分布相比，POME 在对未知类型的分布推断上具有无需给出具体分布形式、无主观偏差等优势，因此具有更为广阔的适用性。分布推断是水文统计建模的基础，自 Sonuga（1972）将 POME 分布推断方法引入统计水文研究以来，基于POME 的研究逐渐成为统计水文领域研究的热点，研究方面主要包括水文随机模拟及预测、基于 POME 与 Copula 函数耦合的多变量分析研究等。

在水文时间序列模拟及预测方面，Singh et al.（2012）运用极大熵原理对降水-径流之间的联合分布进行了推断，并将该模型用于模拟美国得克萨斯州 Waco 实验流域的降水径流过程，研究同时指出基于极大熵模型的思想还可以通过添加约束条件推广到更多分布的模拟中。Papalexiou et al.（2012）基于极大熵原理推导出包括三参数广义 Gamma 分布及四参数广义 Beta 分布两类分布，并通过模拟全球 11519 场降水事件验证了极大熵模型的可行性。Srivastav et al.（2014）提出一种基于极大熵原理的自助式随机模拟方法并将其应用于多站及多季节径流模拟中，研究表明，极大熵模型能够同时兼顾时间和空间结构上的复杂性，模拟效果优良。董前进等（2012）通过极大熵原理对洪水预报误差的分布进行推求，并对洪水预报误差分布规律推求问题的本质及极大熵原理的适用性做了进一步讨论。孔祥铭等（2016）通过极大熵原理对香溪河流域月径流量变化特征进行了模拟分析，结果表明，极大熵模型能够有效模拟研究区月径流量的统计特性，其模拟精度显著高于传统的皮尔逊Ⅲ型分布。

复杂水文现象可能由多种水文变量共同作用，单变量分析在此情况下往往不能满足应用需求。在水文多变量分析方面，基于极大熵原理和 Copula 函数的耦合研究已经成为水文多变量研究的热点。Copula 函数是一类连接多元随机变量边缘分布以得到其联合分布的连接函数（Sklar，1959；Nelsen，2006；Joe，2009），该函数构造简单且形式灵活多样，首先由 De Michele et al.（2003）以及 Favre et al.（2004）引入到水文多元分析领域。Genest et al.（2007）以及 Salvadori et al.（2007）详细介绍了 Copula 函数的若干特征，Salvadori et al.（2007）就 Copula 函数的具体应用做了系统性的介绍。近年来 Copula 函数被广泛应用于多变量水文频率分析（Kao et al.，2007；Salvadori et al.，2010；Chebana et al.，2012；Salvadori et al.，2013；Fu et al.，2014；Xu et al.，2015；冯平 等，2013）、多变量水文模拟及预测（Li et al.，2013；Khedun et al.，2014；陈璐 等，2013）、多变量相关性分析（Aghakouchak et al.，2010；Vandenberghe et al.，2010；Gyasi‐Agyei et al.，2012；Hobæk Haff et al.，2015；Liu et al.，2015；Liu et al.，2017）等领域。

关于极大熵原理与 Copula 函数的研究，Hao et al.（2012）较早将极大熵原理与 Copula 函数相耦合，该研究通过极大熵原理推断水文随机变量的边缘分布，再用 Copula 函数构建多变量概率分布模型，并将所建模型应用于干旱频率分析中。Zhang et al.（2012）则将这种极大熵 - Copula 建模的思路应用于降水 - 径流多变量分析中。Aghakouchak（2014）进一步将这种建模思路拓展至整个水文气象领域。Hao et al.（2013）提出了另一种更为直接的耦合方式，即通过变量间的相关结构，直接通过极大熵原理导出对应的 Copula 函数，并结合以往研究，进一步总结出极大熵原理与 Copula 函数耦合研究的两条路线（Hao et al.，2015）。Li et al.（2016）将极大熵 - Copula 应用于更多元的概率模型推求中，并结合实例验证了该类模型在三元径流模拟中的有效性。陈璐等（2014）针对水文预报中预报因子的选择问题，引入 Copula 熵的概念，并推导了 Copula 熵与互信息的关系，研究结合三峡水库的水文预报实例，验证了 Copula 熵在因子选择中的适用性。李帆等（2016）耦合了极大熵原理与 Copula 函数，首先对一次洪水事件中所涉及的洪水总量、洪峰流量和洪水历时 3 个变量配对后的二维联合分布进行拟合，最终实现对洪水事件的三元随机模拟。李小奇等（2016）通过耦合 Copula 熵和偏互信息方法，优化了大坝渗流模型的输入因子，并以糯扎渡大坝渗流监控为例，将该方法与常规的因子选择方法进行了对比。该研究结果表明，基于 Copula 熵优化的渗流模型相比较传统方法具有更准确的预测效果。

7.2　单变量和多变量统计推断理论

7.2.1　极大熵原理

极大熵原理（principle of maximum entropy，POME）源于统计物理，并逐渐发展成一整套理论完备、形式简约的数学框架（Jaynes，1957）。极大熵原理的核心观点认为，在对一个随机变量的概率分布进行推断时，应当接受所有已知条件，同时对未知情况不做任何主观假设。在这种条件下推断的风险最低，所得概率分布的信息熵最大，是谓极大熵分布。

假设已知随机变量 X 的样本值为 $X = \{x_1, x_2, \cdots, x_N\}$，在这种条件下，$X$ 总体的分布可以有无穷多个，而每一个分布都对应于一个熵值。根据极大熵原理，最优分布应当是使得随机变量熵值（式 7.1）最大的分布。当没有约束条件时，使得 X 熵最大的分布为均匀分布 $p(x_i) = \dfrac{1}{N}$；随着约束条件的不断增多，关于 X 的已知条件逐渐增加，推断的不确定性也随之变小。当给定

关于 X 的部分约束条件时，极大熵原理其实是选择了对 X 的未知信息最不确定的情况，这也是最为符合 X 作为随机变量的情况。下面主要介绍在给定约束条件情况下，针对离散型随机变量 X 极大熵分布的推导过程。

对于随机变量 X，假设存在 m 个约束条件，具体如下：

$$\sum_{i=1}^{N} p_i g_j(x_j) = G_j \quad j = 0, 1, \cdots, m \tag{7.1}$$

其中，$g_j(x_j)$ 为关于 X 的第 j 个约束条件，通常约束条件为 X 的各阶样本矩，例如均值、方差、偏态系数、峰度系数等。当 $j = 0$ 时，$G_0 = 1$，即表示概率之和为 1。

在式（7.1）的约束条件下，运用 Lagrange 乘子法最大化系统熵值得到相应 Lagrange 方程：

$$L = -\sum_{i=1}^{N} p_i \log_2 p_i - (\lambda_0 - 1)\left(\sum_{i=1}^{N} p_i - G_0\right) - \sum_{j=1}^{m} \lambda_j \left[\sum_{i=1}^{N} p_i g_j(x_j) - G_j\right] \tag{7.2}$$

式中：L 为 Lagrange 函数；$\lambda_j (j = 0, 1, \cdots, m)$ 为 Lagrange 乘子。

为求出极大熵分布，令 $\dfrac{\partial L}{\partial p_i} = 0$，可得 p_i 的离散表达式为

$$p_i = \exp\left[-\lambda_0 - \sum_{j=1}^{m} \lambda_j g_j(x_i)\right] \quad i = 1, 2, \cdots, N \tag{7.3}$$

将式（7.3）代入式（7.1），可得 Lagrange 乘子的表达式：

$$\lambda_0 = \ln\left\{\sum_{i=1}^{N} \exp\left[-\sum_{j=1}^{m} \lambda_j g_j(x_i)\right]\right\} \tag{7.4}$$

$$\sum_{i=1}^{N} g_j(x_i) \exp\left[-\sum_{j=1}^{m} \lambda_j g_j(x_i)\right] = \exp(\lambda_0) G_j \quad j = 1, 2, \cdots, m \tag{7.5}$$

由式（7.4）和式（7.5）可求出 Lagrange 乘子，进而代入式（7.3）可得极大熵分布函数。

7.2.2 Copula 函数

Copula 函数是一类联结随机变量各个边缘分布以得到其多元联合分布的函数。Copula 理论的提出可以追溯到 1959 年，Sklar（1959）指出，可以将一个 k 元联合分布分解为 k 个边缘分布和一个 Copula 函数，这个 Copula 函数描述了多元变量间的相关性。鉴于本章主要研究对象为二元 Copula 模型，以下对 Copula 函数定义的讨论仅限于二元 Copula 函数，更多关于高阶 Copula 函数的描述可参见 Nelsen（2006）。

令 $H(x,y)$ 为具有边缘分布 $F(x)$ 及 $G(y)$ 的联合分布函数，那么存在一个 Copula 函数 $C(u,v)$，该函数满足以下性质（Sklar，1959）：

（1）$C(u,v)$ 的定义域为：I^{2}，即 $[0,1]^{2}$。

（2）$C(u,v)$ 具有零基面且是二维递增的。

（3）对任意变量 u，$v\in[0,1]$，满足：$C(u,1)=u$ 和 $C(1,v)=v$。并使得

$$H(x,y)=C(u,v)=C[F(x),G(y)] \tag{7.6}$$

其中
$$u=F(x)，v=G(y)$$

若 $F(x)$ 及 $G(y)$ 连续，则 $C(u,v)$ 唯一确定；反之，若 $F(x)$ 及 $G(y)$ 为一元分布函数，$C(u,v)$ 为相应的 Copula 函数，那么由式（7.6）定义的 $H(x,y)$ 是具有边缘分布 $F(x)$ 及 $G(y)$ 的联合分布函数（Sklar，1959）。

7.3　最优矩约束极大熵（OM－POME）水文分布推断研究

POME 本质上是一个多约束最优化问题，求解得到的极大熵分布形式取决于约束条件。对于特定水文分布推断问题，如何合理选择矩阶数 m 并得到最优 POME 分布值得深入研究。对此，本节提出了一种理论-经验分析（theoretical empirical analysis，TEA）思路，通过量化不同矩约束下 POME 理论分布与经验分布的一致性来确定最优矩阶数（Liu et al.，2017），并进一步给出最优矩约束下极大熵分布推断方法，该方法的流程图如图 7.1 所示。

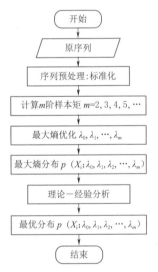

图 7.1　最优矩约束下极大熵（OM－POME）分布推断方法流程图

7.3.1　基于 OM－POME 的单变量随机模拟

以长江中游宜昌站 1950—2008 年水位极值数据、黄河中游花园口站 1998—2011 年月均流量数据为例，通过单变量随机模拟，研究了 OM－POME 方法对两类水文序列的模拟效果。

令矩阶数 $m=2$，3，4，5，6，7，构造对应矩约束条件，各阶矩约束下的 Lagrange 乘子见表 7.1。

表 7.1 长江宜昌站、黄河花园口站水文变量各阶距约束下的 Lagrange 乘子

实例	m	λ_0	λ_1	λ_2	λ_3	λ_4	λ_5	λ_6	λ_7
宜昌站 年水位极值	2	−0.1067	0.3762	−2.4646	—	—	—	—	—
	3	−0.1231	0.8536	−2.4119	−1.1179	—	—	—	—
	4	0.0513	0.9485	−5.1683	−1.1397	3.7319	—	—	—
	5	0.0544	0.8273	−5.1956	−0.4083	3.7475	−0.7153	—	—
	6	0.1467	0.8786	−6.9770	−0.3377	7.3440	−0.8420	−1.7355	—
	7	0.0540	0.7442	−4.4752	1.5508	−0.5923	−6.4759	4.1485	4.1537
花园口站 月均流量	2	−1.0016	−2.4599	−1.2360	—	—	—	—	—
	3	−1.4132	−3.7686	0.1848	2.9318	—	—	—	—
	4	−1.5528	−2.8772	2.7175	1.5747	−3.3457	—	—	—
	5	−1.3492	−1.9104	0.7489	−4.1079	−1.1674	5.6636	—	—
	6	−1.3654	−1.6142	1.6230	−5.7953	−5.0475	7.1760	3.3475	—
	7	−1.3820	−2.4437	1.1343	−0.5704	−2.2315	−0.9685	0.7900	3.7198

根据 Lagrange 乘子法得到各阶矩约束下的 POME 分布，通过理论-经验分析确定 POME 最优矩阶数，得到各阶矩约束下的 POME 理论累积概率与经验累积概率，计算各阶矩约束下理论-经验累积概率的 Nash - Sutcliffe 系数、RMSE 及可决系数，根据结果确定最优矩阶数，继而确定最优矩约束下的 POME 分布，计算结果见表 7.2。由表 7.2 可知，宜昌站年水位极值的最优矩阶数为 3，相应的 OM - POME 分布为 $p(x_i; -0.1231, 0.6536, -2.4119, -1.1179)$；花园口站月均流量的最优矩阶数为 5（模型精度相同的前提下遵循简约原则，即选择参数结构较为简单的），其对应的 OM - POME 分布为 $p(x_i; -1.3654, -1.3492, -1.9104, 0.7489, -4.1079, -1.1674)$。

表 7.2 长江宜昌站、黄河花园口站水文变量各阶矩约束下理论-经验累积概率一致性

实 例	m	E	RMSE	R^2
宜昌站 年水位极值	2	0.9937	0.0215	0.9944
	3	**0.9937**	**0.0203**	**0.9951**
	4	0.9918	0.0259	0.9926
	5	0.9919	0.0258	0.9927
	6	0.9879	0.0319	0.9892
	7	0.9914	0.0261	0.9927

续表

实　　例	m	E	RMSE	R^2
花园口站 月均流量	2	0.9624	0.0381	0.9789
	3	0.9909	0.0247	0.9926
	4	0.9972	0.0143	0.9976
	5	**0.9983**	**0.0118**	**0.9984**
	6	0.9983	0.0118	0.9984
	7	0.9981	0.0121	0.9983

　注　表中黑体表明模型的拟合精度最高。

　　基于上述所得 OM-POME 分布对宜昌站年水位极值和花园口站月均流量进行单变量随机模拟。比较模拟序列与实测序列的均值等统计特征，并计算模拟序列的相对误差，结果见表 7.3。

　表 7.3　长江宜昌站、黄河花园口站水文变量 POME 模拟序列与实测序列统计特征

实　　例		均值/(m³/s)	标准差/(m³/s)	变异系数	偏态系数	峰度系数
宜昌站 年水位极值	实测	52.33	1.46	0.03	−0.26	3.02
	模拟	52.35	1.43	0.03	−0.27	2.62
	相对误差	0.04%	−2.05%	0.00%	3.85%	−13.25%
花园口站 月均流量	实测	745.76	433.73	0.58	1.51	5.35
	模拟	774.28	459.15	0.59	1.51	5.38
	相对误差	3.82%	5.86%	1.72%	0.00%	0.56%

　　进一步绘制出模拟序列各类统计量的箱线图，如图 7.2 和图 7.3 所示。

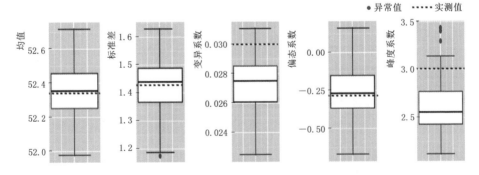

　图 7.2　长江宜昌站年水位极值 OM-POME 模拟序列统计特征值箱线图

　　结合均值等统计特征及箱线图，可知 POME 模拟在这些实例中具有非常优良且准确的模拟效果，能够保持水文实测序列的各项随机特性。

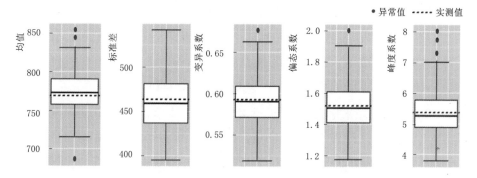

图 7.3　黄河花园口站月均流量 OM－POME 模拟序列统计特征值箱线图

7.3.2　耦合最优矩极大熵－Copula 函数的水文多变量分析

基于 7.3.1 节 OM－POME 的思路，通过耦合 Copula 函数进一步提出基于最优矩约束下极大熵－Copula 多变量建模框架（optimal－moment constrained maximum entropy－copula，OMME－C）。完整的 OMME－C 建模流程如图 7.4 所示。

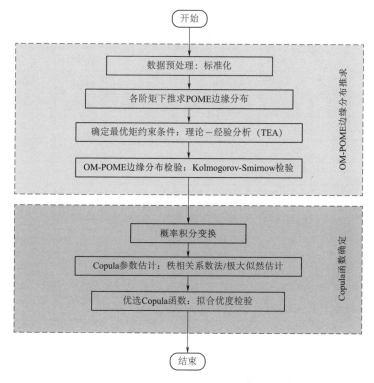

图 7.4　最优矩约束下极大熵－Copula（OMME－C）多变量建模方法流程图

选用数据如下：①宜昌站 1950—2008 年月均水位序列（以 S_1 表示）；②宜昌站 1950—2008 年月径流序列（以 S_2 表示）；③宜昌站 1950—2012 年月径流序列（以 S_3 表示）；④汉口站 1950—2012 年月径流序列（以 S_4 表示）；⑤宜昌站 1952—2014 年月降水序列（以 S_5 表示）；⑥汉口站 1952—2014 年月降水序列（以 S_6 表示）。以这 6 组水文气象变量为例，对长江中下游①宜昌站单站月水位-径流；②宜昌—汉口两站间径流；③宜昌—汉口两站间降水共三类水文相关性按照上述建模方法进行 OMME - C 建模与分析。

首先对实测数据进行预处理，再令矩阶数 $m = 2，3，4，5，6$，构建相应矩约束条件下的极大熵模型。通过数值方法得到模型 Lagrange 乘子（λ_i），见表 7.4。

表 7.4　　长江宜昌/汉口站水文变量各阶矩约束模型 Lagrange 乘子

水文序列	m	λ_0	λ_1	λ_2	λ_3	λ_4	λ_5	λ_6
S_1	1	-0.7801	1.8403					
	2	-0.4332	-0.7930	3.0711				
	3	-0.7866	4.5001	-12.421	11.757			
	4	-0.1458	-11.455	73.377	-144.11	89.911		
	5	0.4751	-31.231	230.65	-618.24	689.16	-267.91	
	6	0.8199	-44.791	375.02	-1242.0	1952.0	-1464.2	427.57
S_2	1	-0.8354	1.9999					
	2	-1.4396	4.1244	0.1980				
	3	-1.7979	11.931	-27.993	24.920			
	4	-1.8938	15.613	-52.038	74.818	-31.844		
	5	-1.7623	8.5390	16.296	-154.77	278.26	-143.80	
	6	-1.6954	3.7439	81.634	-479.96	1002.7	-878.60	275.67
S_3	1	-0.8354	1.9999					
	2	-1.4385	4.0629	0.3383				
	3	-1.7715	11.287	-25.791	23.110			
	4	-1.8469	14.141	-44.450	61.921	-24.814		
	5	-1.7007	6.4281	30.036	-188.85	314.78	-157.91	
	6	-1.6135	0.3410	112.66	-600.15	1232.1	-1089.5	350.02

续表

水文序列	m	λ_0	λ_1	λ_2	λ_3	λ_4	λ_5	λ_6
S_4	1	-0.8354	1.9999					
	2	-0.7575	-0.5178	4.7044				
	3	-0.9235	2.2795	-4.4937	7.7179			
	4	-0.8519	0.2763	7.1325	-14.769	13.618		
	5	-0.3893	-17.156	155.58	-482.10	620.18	-274.08	
	6	-0.1782	-27.237	273.20	-1021.9	1762.9	-1392.4	408.57
S_5	1	-0.8354	1.9999					
	2	-1.4568	3.3739	2.4487				
	3	-1.3933	2.0665	7.2719	-4.2683			
	4	-1.3184	-0.2883	22.104	-34.104	18.199		
	5	-1.2547	-3.1431	49.101	-125.39	142.45	-58.033	
	6	-1.2764	-1.8062	31.528	-38.003	-53.157	141.19	-74.989
S_6	1	-0.8354	1.9999					
	2	-1.7964	5.0988	3.6940				
	3	-1.5979	0.2544	24.291	-19.803			
	4	-1.4802	-3.8254	52.619	-80.379	37.769		
	5	-1.3257	-11.169	127.76	-350.04	418.01	-180.42	
	6	-1.3568	-9.1773	99.658	-201.29	69.157	186.42	-140.83

将 Lagrange 乘子代入极大熵模型函数式得到 3 类实例各阶矩约束下的 POME 分布，对各阶矩约束下的极大熵分布进行理论-经验分析（TEA），计算 POME 理论分布与经验分布之间的 Nash-Sutcliffe 系数。引入 3 类模型评价准则，即似然值（L-L）、赤池信息量 AIC（Akaike，1974）及修正的赤池信息量 AICc 作为比较验证。分析结果为：对于水文（水位、径流）变量，其最优矩阶数达到 6 为最高；而对于降水变量，其最优矩约束相对较低（4 或 5）。这与对数据分布模式的分析结论相一致，即对于分布模式更为复杂的变量（如双峰模式显著的水位变量等），需要高阶矩约束导出更为精确的 POME 分布。对所得 OM-POME 变边缘分布进行概率积分变换，并由极大似然法得到各类 Copula 函数参数，见表 7.5。

表7.5　　　　　长江宜昌/汉口站各实例 Copula 函数参数估计

实例	Clayton Copula	Frank Copula	Gumbel Copula	Joe Copula	Normal Copula	t - Copula	
	θ	θ	θ	θ	ρ	ρ	r
宜昌站水位-径流	5.13	27.99	6.63	9.69	0.97	0.97	3.64
宜昌—汉口站径流	5.51	19.23	4.40	5.13	0.95	0.95	103.66
宜昌—汉口站降水	2.43	6.57	1.87	1.94	0.73	0.75	5.27

为确定各实例的最优 Copula 函数，计算不同 Copula 函数的对数似然值，选择最大对数似然值所对应的模型作为最优 Copula 函数，计算结果见表7.6。

表7.6　　　　　长江宜昌/汉口站各实例 Copula 函数似然函数值

实　例	Clayton Copula	Frank Copula	Gumbel Copula	Joe Copula	Normal Copula	t - Copula
宜昌站水位-径流	571.50	**1009.89**	**1008.86**	977.08	919.10	957.18
宜昌—汉口站径流	674.69	828.42	765.71	638.73	**840.86**	**840.24**
宜昌—汉口站降水	**303.27**	265.37	201.51	140.54	246.25	265.38

注　表中黑体表明该模型拟合效果较好。

由表7.6可知，对于宜昌站水位-径流实例，Frank Copula 及 Gumbel Copula 的对数似然值相差很小，最优 Copula 函数较难确定。相似的情况同样出现在宜昌—汉口站径流实例中（Normal Copula 及 t - Copula）。对于此类似然值表现相近的实例，需要进一步的证据以最终确定最优的一类 Copula 函数。

此处引入箱线图方法（Hao et al.，2013）对 Copula 函数进行优选。图7.5～图7.7展示了3类实例中，各类待选 Copula 函数的 Spearman 及 Kendall 秩相关系数模拟结果的箱线图（虚线为实测序列的秩相关系数）。

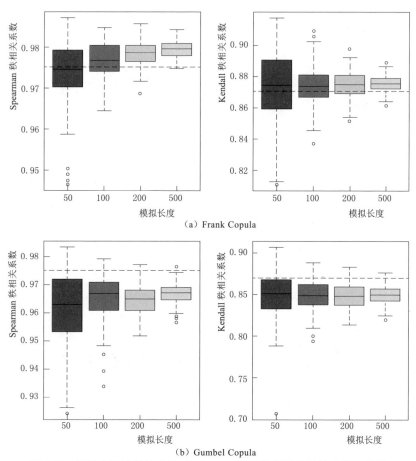

（a）Frank Copula

（b）Gumbel Copula

图7.5　长江宜昌站单站水位-径流 Copula 模拟序列秩相关系数箱线图

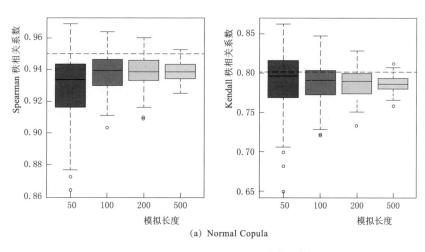

（a）Normal Copula

图7.6（一）　长江宜昌站—汉口站径流 Copula 模拟序列秩相关系数箱线图

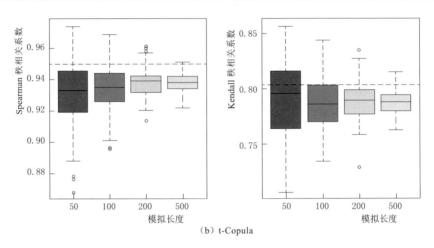

（b）t-Copula

图 7.6（二）   长江宜昌站—汉口站径流 Copula 模拟序列秩相关系数箱线图

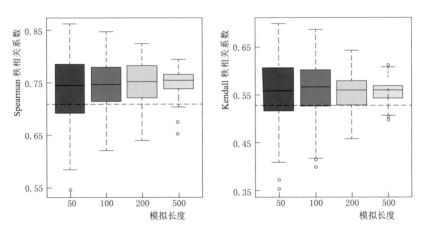

图 7.7   长江宜昌站—汉口站降水 Copula 模拟序列秩
相关系数箱线图（Clayton Copula）

　　结合表 7.7 可得，对于宜昌站水位-径流、宜昌—汉口站径流、宜昌—汉口站降水 3 个实例，根据 MRE 最小原则，确定最优 Copula 函数分别为 Frank Copula（$\theta = 27.99$）、Normal Copula（$\rho = 0.95$）及 Clayton Copula（$\theta = 2.43$）。这同表 7.6 对数似然值指示结果相一致；3 个实例中，模拟序列的秩相关系数 MRE 均不大于 5% 的误差容限，这表明所得 OMME - C 在相关性建模中效果优良。

　　基于所建 OMME - C 模型，进一步得到各类实例水文相关性模式，汇总于表 7.8。

表 7.7　　　　　　长江宜昌/汉口站各实例待选 Copula 函数模拟试验结果

实例	秩相关系数	Copula	实测值	模拟值（不同模拟序列长度下）				MRE/%
				50	100	200	500	
宜昌站 水位-径流	Spearman	**Frank**	0.9751	0.9745	0.9770	0.9783	0.9797	**0.23**
		Gumbel		0.9620	0.9661	0.9681	0.9677	0.94
	Kendall	**Frank**	0.8709	0.8745	0.8721	0.8737	0.8729	**0.28**
		Gumbel		0.8465	0.8494	0.8541	0.8532	2.30
宜昌—汉口站 径流	Spearman	**Normal**	0.9504	0.9290	0.9378	0.9390	0.9384	**1.51**
		t		0.9323	0.9325	0.9387	0.9375	1.59
	Kendall	**Normal**	0.8029	0.7909	0.7881	0.7884	0.7871	**1.78**
		t		0.7904	0.7868	0.7890	0.7872	1.82
宜昌—汉口站 降水	Spearman	Clayton	0.7093	0.7135	0.7227	0.7287	0.7278	2.87
	Kendall	Clayton	0.5305	0.5368	0.5422	0.5373	0.5369	3.44

注　表中黑体表明该模型拟合效果较好。

表 7.8　　　　　　长江宜昌/汉口站各实例 OMME – C 相关性建模结果

实　例	OMME – C		传统相关性[a]			其他相关模式	
	Copula	参数	Pearson 秩相关系数	Spearman 秩相关系数	Kendall 秩相关系数	对称性	尾部相关性
宜昌站水位-径流	Frank	$\theta = 27.99$	高 (0.9702)	高 (0.9751)	高 (0.8709)	是	否
宜昌—汉口站径流	Normal	$\rho = 0.95$	高 (0.9455)	高 (0.9504)	高 (0.8029)	是	否
宜昌—汉口站降水	Clayton	$\theta = 2.43$	低 (0.5687)	中 (0.7093)	低 (0.5305)	否	是

a. 相关性的评级：高（>0.8）；中（0.6~0.8）；低（<0.6）（Liu et al., 2017）。

7.4　本章小结

本章围绕样本分布多态性问题，针对 POME 分布推断中缺乏对矩阶数讨论的问题，完善了原有极大熵原理分布推断框架。研究讨论了常用分布下样本矩的收敛性，通过理论-经验分布分析（TEA）确定了最优矩阶数，从模型效率、误差和线性回归拟合优度 3 个角度量化理论-经验分布的一致性，最终给出 OM－POME 分布推断方法。OM－POME 方法对单一水文变量的随机模拟效果优良，模拟序列的均值、标准差、变异系数、偏态系数以及峰度系数均与实测序列相吻合，箱线图能够进一步验证 OM－POME 模拟的准确性。

基于最优矩约束下极大熵分布推断的研究成果，进一步耦合 Copula 函数提出了一种基于最优矩约束极大熵-Copula 的多变量建模框架（OMME－C）。以长江流域宜昌站及汉口站水文气象数据为例，运用 OMME－C 对单站水位-径流、多站径流、多站降水三类水文变量的相关性进行建模，并进一步分析了各类相关模式的异同。

OM－POME 模型适用于复杂分布下的概率推断，而 Copula 函数相较于传统线性相关指标能够保存更多的多元相关性信息，两者耦合的 OMME－C 方法值得在复杂条件下的水文多变量分析领域进一步推广。

第 8 章

非平稳性条件下基于 Archimedean Copula 的年极端降水量及降水强度频率分析

在气候变化及人类活动背景下，水文变量的相依性结构发生演变，因此有必要对非平稳性条件下的多变量水文频率分析展开研究。本章以我国东部沿海季风区的 4 个典型区域为例，主要讨论非平稳性条件下基于 Copula 函数的年极端降水量及降水强度的频率分析。由 4 组降水量测站的长期日降水序列记录构建两个指标，分别对年极端降水量和降水强度进行量化。在数据处理中，为提高 Copula 模拟的准确度，通过对来自不同测站的指标序列进行 Copula 兼容性检验，对具有相似的相依性结构的指标序列进行合并，从而扩充样本空间。本章重点讨论：①在多变量水文频率分析中考虑非平稳性条件；②合并相依性结构兼容的指标序列以扩充样本空间，提升 Copula 推断水平。

8.1 引言

水文极端事件，如暴雨、洪水、干旱等，对农业发展、城市建设及生态系统有重大影响。对这些极端事件进行的频率分析，是水利工程设施建设和水资源规划管理的必要条件。水文极端事件通常用某些特性描述，如极端降水事件的降水量、历时、发生次数、间隔时长，极端干旱事件的历时、强度、范围、间隔时长，以及洪水事件的洪峰、洪量、历时、间隔时长等。这些特性之间往往具有相依性关系，可看作相依性变量，其表现是水利、生态等工程设计中的重要参考（Salvadori et al.，2007）。因此，建立这些相依性变量的联合概率分布，合理量化水文变量间的相关性，有利于提高对生态环境系统，尤其是水资源系统的规划设计和管理的科学性。

Copula 函数可独立于变量的边缘分布构建其联合分布，成为多变量频率分析的有力工具，在水文学中广泛应用于暴雨（De Michele et al.，2003；Grimaldi et al.，2006a；Kao et al.，2008；Rauf et al.，2014；Vandenberghe et al.，2010；Zhang et al.，2007）、干旱（De Michele et al.，2013；Kao et al.，2010；Serinaldi et al.，2009；Shiau，2006；Song et al.，2010a，2010b；Wong et al.，2010）、洪水（Favre et al.，2004；Grimaldi et al.，2006b；Salvadori et al.，2004；Zhang et al.，2006）等极端水文事件的频率分析中（De Michele et al.，2007；Lee et al.，2011；Zhang et al.，2011）。

随着人类活动及气候条件的变化，从事水文变量相依性结构研究的学者对平稳性假设下 Copula 模拟的可信度和准确度提出了质疑（Milly et al.，2008）。部分学者已进行了水文变量相依性结构的非平稳性研究（Gu et al.，2016；Liu et al.，2017；Sun et al.，2018）。Aissia et al.（2014）、Chebana et al.（2013）和 Yilmaz et al.（2014）对多变量水文序列中的趋势和突变点进行了检验。Aissia et al.（2014）通过洪水变量间相关系数的滑动时间序列分析了趋势和突变点的存在情况。Chebana et al.（2013）用两种非参数趋势检验方法评估了水文频率分析中的非平稳性假设，并将结果应用于多变量和多站点的洪水特性研究中，指出了在多变量的边缘分布及基于Copula 函数建立的联合分布中考虑趋势存在对于提高模型模拟可信度的重要性。Bender et al.（2014）通过将时变参数应用于两种情形，即仅应用于Copula 联合分布和同时应用于边缘分布和 Copula 联合分布，探讨了趋势的存在对联合概率和相应重现期下水文设计值的影响。Jiang et al.（2015）提出了在边缘及联合分布中考虑时间和水库蓄水条件的非平稳性 Copula 模型，用于低流量条件下的频率分析。Zhang et al.（2015）将平稳和非平稳模型分别应用于洪水特征变量，并考虑了气候、水库蓄水等指标的影响，结果表明，非平稳模型能更好地描述洪水过程中的变化特征。在极端水文事件多变量的频率分析中，非平稳性条件下的相依性结构有待更多研究。

部分学者指出，在多变量频率分析中考虑非平稳性是当前统计水文学的重要研究方向，但多数研究区域缺少时间足够长的水文资料，无法建立非平稳性模型（Bender et al.，2014）。样本空间不足是建立 Copula 模型的主要限制因素。因此，需要一种有效的扩充样本空间的方法来提高 Copula 模拟的准确度，从而进行非平稳性分析。为此，近年 Grimaldi et al.（2016）引入了 Copula 兼容性的概念，判断不同流域之间水文变量相依性结构的兼容程度，并据此将具备兼容性的多变量序列合并以扩充不完备的样本，用于进一步的 Copula 模拟。兼容性的概念最初被应用于识别不同流域的水文相似性，进行流域分类。水文变量相依性结构的兼容性检验，是指基于经验 Copula 函数执行特定的非参数检验，量化不同的相依性结构之间的距离，判断其是否满足一定置信水平下相等性条件，即是否具备兼容性，这一方法对于小样本数据也具有有效性（Genest et al.，2009）。由此，可以在满足兼容性的条件下，将某一流域的相依性结构信息移用到另一流域，从而扩充用于 Copula 模拟的样本。

本章探讨年极端降水量和降水强度的频率分析，重点讨论二者在变化的水文气候背景下，即非平稳性条件下的相依性结构演变。在实例分析中，选用我国东部 4 个沿海区域的日降水资料（每一区域选用 2 个代表性降水量测站 1955—1965 年的日降水检测记录），用两个极端降水指标（年极端降水量指标 P_E，即年内 90% 分位数以上的日降水量之和；年极端降水强度指标 I_E，即年内最大日降水量）的滑动时间窗口序列，建立非平稳的边缘分布及 Copula 联合分布模型进行频率分析。为解决数据量不足的问题（8 个站点中最长序列仅有 65 年，最短序列仅 55 年），在兼容性检验的基础上，将每一区域中 2 个相邻站点的指标序列合并以扩充样本量，提高 Copula 模拟水平。

8.2 研究区域和数据

我国东部地区属于典型的季风气候，降水量自东南沿海向西北内陆递减。在夏季风的影响下，年内降水分布极为不均，大量降水集中在夏季，东部沿海地带尤为明显。总体上，在长江以南地区，汛期通常为 3—8 月（或 4—9 月），最大 4 个月的降水量可占全年降水的 50%～60%。在江淮地带，每年 4—6 月有持续 20～30 天的降水时期（即梅雨季）。在东南沿海地带，7—10 月的台风登陆也会带来暴雨降水。在长江以北地区，汛期从 6 月持续到 9 月，最大 4 个月的降水量可占全年降水的 70%～80%。相比于南部地区，北部地区的降水量偏少，但降水年内分配不均现象更为显著，其最大月降水量或某些年份一至两场暴雨的降水量可占全年降水的 50％以上。极端降水极易造成暴雨、洪水、水土流失等自然灾害，破坏农业生产和城市基础设施。当前人类活动导致的气候持续变化更加剧了极端降水事件的严重性和不确定性，也增大了相关研究的难度。Zhang et al.（2013）指出我国降水的时空分布模式已经发生变化，我国南部地区，尤其是长江流域下游地带的极端降水情况正在加剧。

本章选取了我国东部地区由北至南的 4 个研究区域（CR1～CR4）进行极端降水的频率分析。其中，CR1、CR2 属于半湿润地区，CR3、CR4 属于湿润地区。选用每一区域中两个临近的降水量测站 A、B 的长期日降水序列（55～65 年）进行计算，8 个测站的相关信息见表 8.1。构建两个指标对年极端降水进行特征化。指标 P_E 代表年极端降水总量，定义为年内 90％分位数以上的日降水量之和。类似指标在 Zhang et al.（2013），Fatichi et al.（2009），Tebaldi et al.（2006）等的研究中均有所应用。指标 I_E 代表年极端降水强度，定义为年内最大日降水量。两个指标对年极端降水的严重程度从量和强度方面进行了明确的量化。基于这两个易于构建的指标，可根据其概率表现对极端降水的发生风险进行研究。由于每一站点年极端降水指标序列长度有限（不超过 65 年），而序列长度不足将影响 Copula 模拟的准确度和可信度，本章基于 Copula 兼容性检验，采取将同一区域两站点的序列进行合并的方式扩充样本空间，以提升 Copula 的模拟水平。

表 8.1　　　　　　　　　　研究区域 8 个降水量测站数据资料信息

区域代码	测站代码	测站名称	实测序列时间范围	资料长度/年
CR1	CR1A	塘沽	1951—2015 年	65
	CR1B	黄骅	1956—2015 年	60
CR2	CR2A	青岛	1961—2015 年	55
	CR2B	莒县	1951—2015 年	65
CR3	CR3A	吕泗	1957—2015 年	59
	CR3B	慈溪	1954—2015 年	62
CR4	CR4A	霞浦	1960—2015 年	56
	CR4B	平潭	1953—2015 年	63

注　数据来自中国国家气象信息中心。

8.3 多变量频率分析方法

8.3.1 两变量的相依性研究

8.3.1.1 两变量的相依性度量

在分布拟合前，需要对年极端降水量和降水强度指标的相依性进行描述性统计分析，从而能对两者的相依性程度及相依性结构特点取得基本认识。本章采取两种常用的相关系数，即 Kendall τ_n 和 Spearman ρ_n 进行相依性度量。与经典的 Pearson 相关系数 r 相比，τ_n 和 ρ_n 均为基于秩的相关系数，与经验 Copula 的基于秩的构建方式具有一致性，因此适用于进行 Copula 模拟前的初步分析（Genest et al.，2007；Hoeffding，1948）。

给定一对随机变量$(x_i，y_i)$（$i=1，2，\cdots，n$），Kendall τ_n 定义为

$$\tau_n = \frac{2}{n(n-1)} \sum_{i=1}^{n-1} \sum_{i+1}^{n} \mathrm{sgn}(x_i - x_j)(y_i - y_j) \tag{8.1}$$

其中

$$\mathrm{sgn}(x) = \begin{cases} +1 & x>0 \\ 0 & x=0 \\ -1 & x<0 \end{cases} \tag{8.2}$$

类似地，Spearman ρ_n 定义为

$$\left. \begin{aligned} \rho_n &= \frac{\sum\limits_{i=1}^{n} (R_i - \overline{R})(S_i - \overline{S})}{\sqrt{\sum\limits_{i=1}^{n} (R_i - \overline{R})^2 \sum\limits_{i=1}^{n} (S_i - \overline{S})^2}} \\ \overline{R} &= \overline{S} = \frac{n+1}{2} \end{aligned} \right\} \tag{8.3}$$

式中：R_i 和 S_i 分别为 x_i 和 y_i 在序列 $(x_1, x_2, \cdots, x_n)$ 和 $(y_1, y_2, \cdots, y_n)$ 中的秩；$\overline{R}$ 和 $\overline{S}$ 分别为 R_i 和 S_i 的均值。

8.3.1.2 相依性的非平稳性检验

本章采取滑动时间窗口的形式探究非平稳性，将 30 年的滑动窗口应用于 P_E 和 I_E 的指标序列，获取每一窗口下两指标的相关系数 τ_n 和 ρ_n 的值，形成长度与时间窗口数目一致的 τ_n 和 ρ_n 序列，对其进行非平稳性检验，以

探究极端降水指标的相依性结构演变。目前有多种非平稳性统计检验方法，大多为对水文时间序列中最常见的非平稳性现象，即趋势和突变点的检验。非参数检验由于对假设要求较少而被广泛采用。趋势检验中，Mann - Kendall（MK）检验的应用最为广泛（Kendall，1975；Mann，1945）。若零假设为在某一置信水平下，某一序列中不存在趋势，判断是否拒绝这一假设的方法为计算检验统计量 Z 的值，定义如下：

$$Z = \begin{cases} \dfrac{S-1}{\sqrt{|\,\mathrm{Var}(S)\,|}} & S > 0 \\[2mm] 0 & S = 0 \\[2mm] \dfrac{S+1}{\sqrt{|\,\mathrm{Var}(S)\,|}} & S < 0 \end{cases} \tag{8.4}$$

其中

$$S = \sum_{i=1}^{n-1} \sum_{j=i+1}^{n} \mathrm{sgn}(x_i - x_j) \tag{8.5}$$

对于独立同分布变量，有

$$E(S) = 0 \tag{8.6}$$

及

$$\mathrm{Var}(S) = \frac{n(n-1)(2n+5)}{18} \tag{8.7}$$

统计量 Z 服从标准正态分布。

MK 检验方法具备简单有效的特点，尤其是对于非正态分布变量的趋势检验也具有有效性，但 MK 检验方法在自相关序列的趋势检验中仍存在问题，即序列的自相关性会提高拒绝零假设的概率（Kulkarni et al.，1995）。因此，当前研究中普遍采用预白噪声化处理的 Mann - Kendall 检验方法（pre - whitening Mann - Kendall test，PWMK）。PWMK 是一种改进的 MK 检验方法，用于具有自相关性的序列的趋势检验。具体可参考 Storch（1995）和 Douglas et al.（2000）的相关论述。

对时间序列中是否存在突变点的检测可采用多种方法，如贝叶斯方法、基于 Copula 的方法、累积求和方法（cumulative sum，CUSUM）、Pettitt 检验法等（Aissia et al.，2014；Huang et al.，2015，2017；Yilmaz et al.，2014；Pettitt，1979）。本章的重点是对 P_E 和 I_E 的相关系数 τ_n 和 ρ_n 的滑动时间窗口序列进行非平稳性检验，采用了非参数的 Pettitt 突变点检验方法。

给定序列 $(x_1,x_2,\cdots,x_n)$，若对应的秩序列为 $(r_1,r_2,\cdots,r_n)$，令零假设 H_0 为序列中不存在突变点，则是否拒绝该假设由统计量 U_k 的取值决定：

$$U_k = 2\sum_{i=1}^{k} r_i - k(n+1) \quad k=1,2,\cdots,n \tag{8.8}$$

若存在突变点 k^*，则 k^* 位于使 U_k 取得最大绝对值处，即

$$U_{k^*} = \max\{|U_k|\} \tag{8.9}$$

关键值 U_{k^*} 是序列长度 n 的函数。关于 Pettitt 检验，可参考 Pettitt（1979），Pohlert T（2017）研究中的论述，以及 Verstraeten et al.（2006）和 Jiang et al.（2015）的研究中其在水文中的应用。

8.3.2 非平稳性频率分析

8.3.2.1 时变 Copula 函数

Copula 函数是一种构建随机变量联合分布的方法，构建过程可独立于随机变量的边缘分布进行。Nelsen（2006）和 Salvadori et al.（2007）在其论著中对 Copulas 函数的理论和应用进行了详细介绍。根据 Sklar（1959）的理论，在二维情形，一对随机变量 (X,Y) 的联合累积分布函数（cumulative distribution function，CDF）$F(x,y)$ 等于 Copula 函数 C，即

$$F_{X,Y}(x,y)=C(u,v)=C(F_X(x),F_Y(y)) \quad (u,v)\in[0,1]^2 \tag{8.10}$$

其中，$u=F_X(x)$，$v=F_Y(y)$ 分别是变量 X，Y 的边缘 CDF。

相应地，时变 Copula 函数是在非平稳性条件下的 Copula 函数，其边缘分布函数和 Copula 函数的参数随滑动时间窗口序列变化，即

$$F_{X,Y}(x,y)=C[u,v|\theta_t]=C[F_X(x|\alpha_t),F_Y(y|\beta_t)|\theta_t] \tag{8.11}$$

式中：α_t、β_t 和 θ_t 分别为边缘及联合分布函数的参数。

Copula 函数按照构建规则可分为不同种类，适用于不同相依性结构的模拟。其中 Archimedean Copula 因构建方式简单灵活，在水文中的应用最为广泛。本章选用了 3 种典型的 Archimedean Copula 函数，即 Gumbel-Hougaard Copula、Frank Copula 和 Clayton Copula。表 8.2 归纳了这 3 种 Copula 函数的基本信息，包括其时变形式。从多种 Copula 函数中选择适用于给定多维随机变量序列的最佳 Copula 模型，可采用 AIC（Akaike information criterion）检验方法（Akaik，1974）和交叉检验方法（Hofert et al.，2017）。Copula 参数的估计可采用最大似然（maximum likelihood，ML）方法。本章采用了改进的 ML 方法，即最大伪似然（maximum pseudo likelihood，MPL）估计，将数据的伪观测值作为边缘 CDF 的非参数估计值，这一方法可提高计算效率（Genest et al.，1995）。

表 8.2　　　　　　　　　　3 种常用的 Archimedean Copula 函数

函数名称	$C(u,v\|\theta_t)$	参数 θ 取值	θ 与 Kendallτ_n 的关系表达式
Gumbel-Hougaard	$\exp\left\{-\left[(-\ln u)^{\theta_t}+(-\ln v)^{\theta_t}\right]^{\frac{1}{\theta_t}}\right\}$	$[1,\infty)$	$1-\dfrac{1}{\theta}$
Clayton	$(u^{-\theta_t}+v^{-\theta_t}-1)^{-\frac{1}{\theta_t}}$	$(0,\infty)$	$\dfrac{\theta}{\theta+2}$
Frank	$-\dfrac{1}{\theta_t}\ln\left[1+\dfrac{\left[\exp(-\theta_t u)-1\right]\left[\exp(-\theta_t v)-1\right]}{\exp(-\theta_t)-1}\right]$	$(-\infty,\infty)\backslash\{0\}$	$1+\dfrac{4}{\theta}\left[D_1(\theta)-1\right]$

注　$D_1(\theta)=\dfrac{1}{\theta}\displaystyle\int_0^\theta\dfrac{t}{\mathrm{e}^t-1}\mathrm{d}t$。

8.3.2.2　时变边缘分布

利用边缘分布，可以将 Copula 模拟的联合分布中分布在 $[0,1]^2$ 区间的 CDF 值(u_i,v_i) $(i=1,2,\cdots,n)$ 转换为对应指标的取值，即对应于 CDF 值的设计值。此处用广义极值（general extreme value，GEV）分布对极端降水指标序列 P_E 和 I_E 的边缘分布进行拟合。GEV 分布是广泛应用于极值序列的分布拟合的方法（Bender et al.，2014；Coles，2001；Kotz et al.，2000），模型中包含 3 个参数，即位置参数 μ、尺度参数 σ 和形状参数 ξ。在非平稳性条件下，边缘分布为时变分布，3 个参数的值随时间窗口的滑动而改变，这种情形下的 GEV 分布表示为

$$\mathrm{GEV}(x|t)=\exp\left[-\left(1+\xi(t)\frac{x-\mu(t)}{\sigma(t)}\right)^{-\frac{1}{\xi(t)}}\right] \tag{8.12}$$

式中：x 为待拟合的变量。

Kolmogorov-Simirnov（KS）统计检验可用于判断变量是否服从所拟合的 GEV 分布。

8.3.2.3　Kendall 重现期

重现期（return period，RP），或拓展到多变量情形的联合重现期（joint return period，JRP），在暴雨、干旱、洪水等极端事件的频率分析中用于计算工程中的设计值。目前普遍应用的联合重现期形式为 AND 和 OR 类型，

分别对应于变量的联合概率满足 $P(U>u \cap V>v)$ 和 $P(U>u \cup V>v)$ 的情形。近年来，在 Copula 模拟主导的频率分析中开始采用新的重现期的计算方式，即 Kendall 重现期（Kendall return period，KRP），又称为"二次重现期"（Vandenberghe et al.，2011；Salvadori et al.，2004；Salvadori et al.，2011）。假设 $\mu(\mu>0)$ 是观测值的平均取样间隔时间（对年极端事件，$\mu=1$），对于给定的概率水平 p，KRP 定义为

$$T_{\text{KEN}} = \frac{\mu}{P\left[C(u,v)>p\right]} = \frac{\mu}{1-P\left[C(u,v)\leqslant p\right]} = \frac{\mu}{1-K_C(p)} \quad (8.13)$$

其中
$$K_C(p) = P\left[C(u,v)\leqslant p\right] \quad u,v \in [0,1] \quad (8.14)$$

式中：$K_C(\cdot)$ 为 Kendall 分布函数。

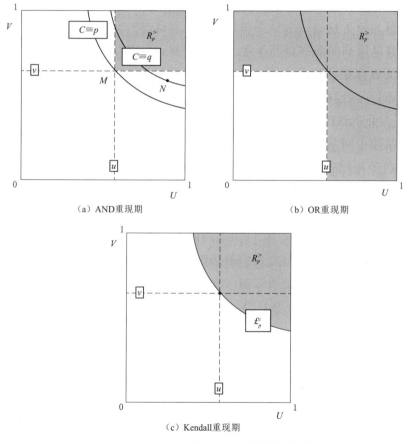

（a）AND重现期　　　　　　（b）OR重现期

（c）Kendall重现期

图 8.1　AND，OR 及 Kendall 重现期示意图
（Salvadori et al.，2016）

由图 8.1 可见，相对于 AND 或 OR 形式的重现期，KRP 的特点是当 (u,v) 在关键层 $C(u,v)=p$ 上移动时，由 KRP 所定义的危险区域 $R_p^> = \{u,v \in [0,1] \mid C(u,v)>p\}$ 保持不变。具体可参考 Salvadori et al.（2011）的论述了解 KRP 的详细定义及相关算法，以及 De Michele et al.（2013），Vandenberghe et al.（2011）和 Jiang et al.（2015）的研究了解 KRP 的其他应用实例。

8.3.3　Copula 兼容性

Copula 模拟中的兼容性概念最早是由 Grimaldi et al.（2016）为处理"流域兼容性"问题而提出的，用于判断将一个流域水文变量的相依性结构移用到另一流域的可行性。这种兼容性通过 Rémillard et al.（2009）提出的统计检验方法来衡量，本质是判断经验 Copula 的相似性，或检验在一定置信水平下的 Copula 相等性。对通过兼容性检验的不同来源数据集，可进行合并以扩充样本空间。Grimaldi et al.（2016）采用以 Copula 兼容性检验为基础的数据融合方法对不同流域洪水的洪峰、洪量、历时序列进行了适当扩充，有效降低了多变量洪水频率分析的不确定性。将这一方法应用于极端降水的指标序列，利用不同站点测得的水文变量序列的兼容性扩充数据集，提高 Copula 模拟的准确度。

Copula 兼容性检验的目的是验证假设 H_0，即两种相依性结构是否在统计意义上相等。此处仅简要介绍两变量情形下的 Copula 兼容性检验方法，读者可参考 Rémillard et al.（2009）的论述了解相关信息。对于随机变量 X，Y，假设有两对它们的观测序列，分别为 (X_i^C, Y_i^C) $(i=1,2,\cdots,n_1)$ 和 $(X_i^D, Y_i^D)(i=1,2,\cdots,n_2)$，且有对应的 Copula 函数 C 和 D 描述其相依性结构，则有假设

$$H_0 : C=D \quad H_1 : C \neq D \tag{8.15}$$

为判断是否接受 H_0 假设，需用 Crámer – von Mises（CvM）准则进行检验，检验统计量为

$$S = \int_{[0,1]^2} E^2(u)\mathrm{d}u \quad u=(u_1,u_2) \in [0,1]^2 \tag{8.16}$$

其中

$$E(u) = [C_{n_1}(u) - D_{n_2}(u)] \Big/ \sqrt{\frac{1}{n_1} + \frac{1}{n_2}} \tag{8.17}$$

式中：$C_{n_1}(u)$ 和 $D_{n_2}(u)$ 为对应于 C 和 D 的经验 Copula 函数。

统计量 S 的值决定是否接受零假设。假设检验中的概率 $p-value$ 值可通过模拟策略进行计算，对小样本同样适用。具体可参考 Rémillard et al. (2009) 和 Rémillard et al.（2012）的论述了解 Copula 兼容性检验方法的详细介绍及相关的数值计算试验。Grimaldi et al.（2016）同时提出了检验序列合并的有效性的方法，本章予以采用，并在 8.4 节的实例中介绍。

通过兼容性检验的序列可以相互合并参与 Copula 模拟。此处先将来自不同站点的年极端降水指标序列合并，然后计算出伪观测值作为经验 CDF 值进行 Copula 模拟，并添加随机扰动以消除相等值。这与 Grimaldi et al.（2016）的计算步骤略有不同，即先分别求得指标序列的经验 CDF 值，然后将该值合并。考虑到本章中每一区域范围较小，两个站点位于相同流域，极端降水量及降水强度值差别较小，故将观测序列合并后计算经验 CDF 是合理的。

8.4 结果及讨论

8.4.1 Copula 兼容性检验及数据合并

合并具有相似的相依性结构的随机变量序列是一种扩充样本空间、用于进行分布拟合的有效方法，但只有在序列满足兼容性条件下才可执行。图 8.2 展示了各站点序列的经验 Copula，其中边缘伪观测值（边缘 CDF）U 和 V 分别由 P_E 和 I_E 序列转换而来。由图 8.2，区域 CR1 的 2 个经验 Copula 在 4 个区域中近似程度最高，区域 CR4 的 2 个经验 Copula 的差异最大。我们曾假设临近站点的 P_E-I_E 序列具有相似的相依性结构，可以合并后进行分布拟合。在对照各个区域的经验 Copula 并观察到每对 Copula 间存在差异后，需要检验差异的大小是否满足兼容性检验中 H_0 假设的要求。因此，进行基于 CvM 准则 [式（8.16）] 的 Copula 兼容性检验，置信水平设定为 95%，结果见表 8.3。显然，4 组 P_E-I_E 序列均通过了兼容性检验，满足数据合并的条件。

为进一步验证结果，进行序列合并的有效性检验，若检验通过，则表示合并操作有效。对每组数据，将以上步骤重复执行 100 次，得到 $p-value$ 均值，见表 8.3。显然，4 组数据均通过了有效性检验。

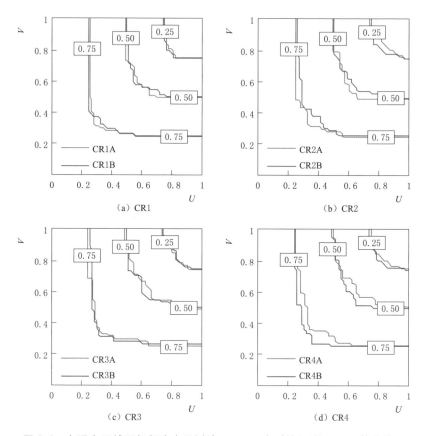

图 8.2　各研究区域两相邻降水量测站 $P_E - I_E$ 序列的经验 Copula 等值线图

表 8.3　τ_n 和 ρ_n 序列的 Copula 兼容性检验及序列合并有效性检验结果

区域代码	Copula 兼容性检验			合并有效性检验
	p – value	统计量 S 计算值	统计量 S 临界值	p – value 均值
CR1	0.90	0.005	0.014	0.95
CR2	0.61	0.011	0.028	0.94
CR3	0.86	0.008	0.024	0.87
CR4	0.52	0.015	0.027	0.95

8.4.2　相依性演变研究

变量间相依性演变与序列的非平稳性情况密切相关。将 30 年的滑动时间窗口分别应用于原始和合并的 $P_E - I_E$ 序列，计算相关系数 τ_n 和 ρ_n 的值。表 8.4 为对 4 组 τ_n 和 ρ_n 序列的非平稳性检验结果，包括 PWMK 趋势检验和 Pettitt 突变点检验。由表 8.4 可知，各个区域的 τ_n 和 ρ_n 序列给出了一致的结果。CR1 和 CR2 中均存在趋势，但突变点的检验结果有所差别。CR1 的 τ_n 序列存在突变点，对应时间为 2006 年（此处年份指滑动时间窗口的末年，对应于 1977—2006 年时间窗口，下同），而 ρ_n 中未检测到突变点。CR2、CR3 和 CR4 的 τ_n 和 ρ_n 序列的突变点分别位于 1995 年、1994 年和 1996 年，各区域两个相关系数的突变点位置一致。关于趋势和突变点存在的原因，因超出本书研究范围，在此不作进一步探讨。根据上述结果，4 个区域的 τ_n 和 ρ_n 序列均有非平稳性表现，即至少存在趋势和突变点中的一项。因此，在通过 $P_E - I_E$ 序列进行极端降水事件的频率分析时，必须将非平稳性因素考虑在内。

表 8.4　τ_n 和 ρ_n 序列的非平稳性检验结果（PWMK 趋势检验和 Pettitt 突变点检验）

区域代码	相关系数变量	PWMK 趋势检验		Pettitt 突变点检验	
		接受假设	$p-$value	突变点	$p-$value
CR1	τ_n	H_1	0.03	2006 年	0.03
	ρ_n	H_1	0.04	—	0.08
CR2	τ_n	H_1	0.02	1995 年	0.00
	ρ_n	H_1	0.04	1995 年	0.00
CR3	τ_n	H_0	0.99	1994 年	0.00
	ρ_n	H_0	0.88	1994 年	0.00
CR4	τ_n	H_0	0.94	1996 年	0.03
	ρ_n	H_0	0.39	1996 年	0.00

8.4.3　分布拟合

8.4.3.1　两变量联合分布的 Copula 模拟

通过 3 种常见的 Archimedean Copula 函数，即 Gumbel - Hougaard Copula、Frank Copula 和 Clayton Copula，对 $P_E - I_E$ 序列的联合分布进行拟合。Copula 函数的适用性通过拟合优度（goodness of fit，GOF）检验判断。注意 4 组序列中最优 Copula 的选择是基于各个完整 $P_E - I_E$ 序列，而非滑动时间窗口序列进行的，即对于一个区域的 $P_E - I_E$ 序列，Copula 函数的类型保持不变，而 Copula 函数的参数随时间窗口改变。最优 Copula 类型通过 AIC 准则判定（对应于最大 AIC 值的 Copula 类型），并通过交叉检验方法验证。4 个区域对应于 3 种 Copula 的 GOF 检验 $p-$value、AIC 值及交叉检验结果见表 8.5。在 95% 置信水平下，应拒绝 GOF 检验中小于 0.05 的 $p-$value 值对应的 Copula 函数用于分布拟合，如 Clayton Copula 无法用于 CR1、CR2 和 CR4，Gumbel - Hougaard Copula 无法用于 CR3。根据表 8.5 中 AIC 准则结果，适用于 4 个区域的最优 Copula 类型分别为 Frank、Gumbel - Hougaard、Clayton 和 Frank，这与交叉检验结果一致。

表 8.5　　　　　　　　　　　**Copula 拟合结果**

区域代码	Copula 类型	GOF 检验 p - value 值	AIC	交叉检验结果
	Gumbel - Hougaard	0.14	−143.56	69.43
CR1	**Frank**	0.27	**−148.00**	**74.46**
	Clayton	0.00	—	—
	Gumbel - Hougaard	0.38	**−107.28**	**52.77**
CR2	Frank	0.39	−103.39	50.95
	Clayton	0.00	—	—
	Gumbel - Hougaard	0.00	—	—
CR3	Frank	0.06	−72.41	35.98
	Clayton	0.08	**−84.26**	**43.62**
	Gumbel - Hougaard	0.25	−64.71	30.11
CR4	**Frank**	0.44	**−72.10**	**34.56**
	Clayton	0.03	—	—

注　表中黑体表示每一区域中选用的最优 Copula 函数。

8.4.3.2　边缘分布的 GEV 拟合

在多变量情形下，非平稳性既在变量的联合分布中存在，也可能在边缘分布中存在（Bender et al.，2014）。因此，除 $P_E - I_E$ 序列的相依性结构中的非平稳性外，还有必要考虑两个变量边缘分布中的非平稳性。本章用时变的 GEV 分布模型，即位置参数 μ、尺度参数 σ 和形状参数 ξ 随滑动时间窗口变化的 GEV 分布，对每一区域的 P_E 和 I_E 序列的边缘分布进行拟合，在长度为 30 年的滑动时间窗口下进行时变参数估计，并通过 Kolmogorov - Smirnov（KS）检验验证其有效性。边缘分布拟合的目的是将分布于 [0,1] 区间上的伪观测值（经验 CDF 值），转换为具有物理单位的指标 P_E 和 I_E 的值，为水工设计提供参考。

8.4.4　非平稳性频率分析

利用由时变 GEV 分布和时变 Copula 函数拟合的 P_E 和 I_E 的滑动时间窗口序列的边缘分布和联合分布，基于 Kendall 重现期（KRP），计算年极端降水的特征化指标 P_E、I_E 的设计值。图 8.3～图 8.6 分别为 4 个研究区域 P_E、I_E 指标的 KRP 对应于 50 年、20 年和 10 年的等值线图。由于滑动时间窗口数目较多，为便于展示和分析，图中展示了其中 4 个时间窗口的情形，即 1985 年、

1995 年、2005 年及 2015 年（指滑动时间窗口末年，下同）。图中同时用散点图表示出历年的 P_E、I_E 指标的实测值。此处虽未列出所有时间窗口的情形，但从对应于不同 KRP 的指标设计值的时间变化仍可观察到显著的非平稳性。

由图 8.3 可知，CR1 的 P_E、I_E 设计值均随时间窗口变化，由于子图数目限制，仅对指标的变化趋势和突变点作整体分析和估计，两指标的联合分布的准确变化可经由全部时间窗口的 KRP 等值线获知。从水平方向看，KRP 等值线随时间左移，表明 P_E 值有下降趋势。指标的边缘值的变化范围可为指标的变化提供一定的量化依据。P_E 的最大边缘值在 1987 年取得，对应于 KRP＝50 年、20 年、10 年分别为 394.2mm、352.9mm 和 313.8mm；最小边缘值在 2015 年取得，分别为 340.6mm、303.3mm 和 270.9mm；最大极差为 53.6mm，表明以指标 P_E 特征化的年极端降水量有所减少。从竖

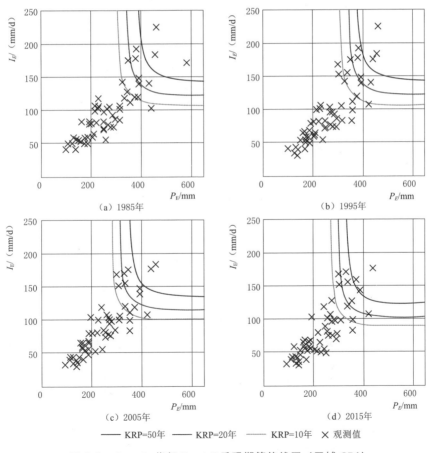

图 8.3 P_E、I_E 指标 Kendall 重现期等值线图（区域 CR1）

直方向看 I_E 设计值的变化，可见 KRP 等值线先下移后上移，突变点约在 1991 年。I_E 的最大边缘值在 1991 年取得，对应于 KRP＝50 年、20 年、10 年分别为 150.2mm/d、126.8mm/d 和 112.9mm/d；最小边缘值在 2015 年取得，分别为 128.5mm/d、104.4mm/d 和 90.14mm/d。指标观测值的分布与所设计值的下降趋势一致，如 P_E＞400mm 且 I_E＞150mm/d 的观测值大部分记录于 1995 年之前，此后逐渐减少，至 2015 年对应的窗口时段仅有 1 个记录。总体上，P_E、I_E 设计值的降低表明 CR1 的极端降水有所减弱。

将图 8.4 与图 8.3、图 8.5、图 8.6 对比可知，CR2 的 KRP 等值线图较 CR1、CR3 和 CR4 的转折更为尖锐，原因是 CR2 的 P_E、I_E 序列的相关性更强。KRP 等值线在 1995 年的时间窗口之前左移，后右移至 2015 年。P_E 对应于 KRP＝20 年及 KRP＝10 年的边缘设计值在 1983 年达到最大，分别为 527.4mm 和 462.4mm；对应于 KRP＝50 年的边缘设计值为 608.8mm，在

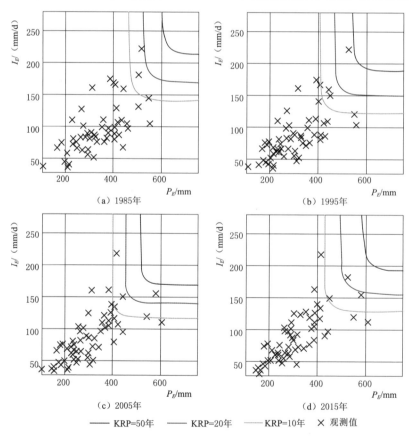

图 8.4　P_E、I_E 指标 Kendall 重现期等值线图（区域 CR2）

2015 年取得。事实上在 2015 年之前，由 P_E 指标特征化的年极端降水已逐渐接近 1985 年的水平。P_E 边缘设计值的最小值在 1995 年取得，对应于 KRP=50 年、20 年、10 年分别为 527.7mm、448.6mm 及 397mm。I_E 的设计值在 2005 年前减小，此后增大，最终接近 200mm/d。由图 8.4、图 8.6、图 8.7 可知，CR1 和 CR3 中 I_E 的设计值在多数时间窗口下均低于 150mm/d，CR4 中的 I_E 设计值在所有时间窗口下均不超过 200mm/d。比较可知，CR2 中的 I_E 设计值在 4 个区域中处于较高水平，表明这一区域发生的极端降水事件具有更高的降水强度。尽管极端降水指标实测记录的分布无显著变化，但 P_E 指标有增大趋势，且 I_E 指标的设计值在 4 个区域中最大，表明 CR2 区域的极端降水趋于增强，在工程建设中应予以考虑和防范。

CR3 的 KRP 等值线的变化模式与 CR2 类似，如图 8.5 所示。以 1995 年

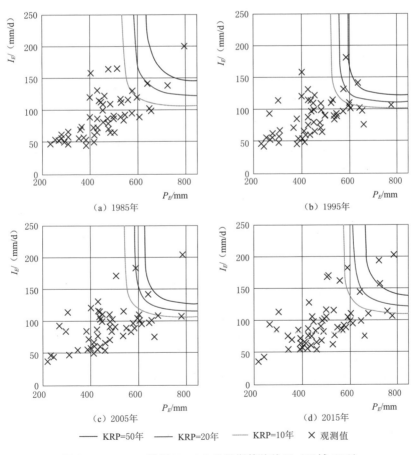

图 8.5 P_E、I_E 指标 Kendall 重现期等值线图（区域 CR3）

的时间窗口为转折点，P_E、I_E 指标均呈先减小后增大的趋势，表明 CR3 的极端降水量和降水强度均趋于增强。P_E 指标对应于 KRP＝50 年、20 年、10 年的边缘设计值的最大值在 2015 年取得，分别为 667.2mm、616.3mm 和 574.6mm；最小值在 1995 年取得，分别为 597.7mm、558.7mm 和 523.2mm。与 P_E 不同，I_E 指标仅对应于 KRP＝50 年的设计值有明显变化，在 1983 年取得最大值 143mm/d，1995 年取得最小值 123.3mm/d；对应于 KRP＝20 年、10 年的等值线无显著变化趋势。尽管如此，2015 年的 P_E、I_E 指标的设计值已接近或超过 1985 年水平。此外，指标的实测值与推求的设计值的变化趋势基本一致，即 1995 年前极端观测值有明显减少，1995 年后则显著增加。

如图 8.6 所示，区域 CR4 作为 4 个区域中的最湿润地区，降水量最为丰沛，其年极端降水的降水量及强度也相应较高。与 CR2 相比，CR4 的 KRP

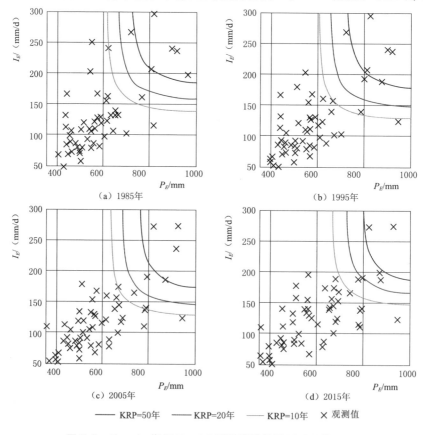

图 8.6 P_E、I_E 指标 Kendall 重现期等值线图（区域 CR4）

等值线更为平滑，原因为 CR4 的 P_E、I_E 序列之间的相关性较弱。水平方向上，等值线在 1995 年时间窗口前基本保持稳定，此后右移。P_E 的最大边缘设计值在 2015 年取得，对应于 KRP＝50 年、20 年、10 年分别为 804.1mm、730.6mm 和 669.4mm；最小值在 1999 年取得，分别为 705.9mm、643.7mm 和 595.1mm；设计值的极差可达 100mm，为 4 个区域中最高。竖直方向上，等值线在 2005 年前下移，此后上移。I_E 的最大边缘设计值在 2015 年取得，对应于 3 个 KRP 值，分别为 192mm/d、170.1mm/d 和 152.4mm/d；1999 年的最小值约比最大值低 30mm/d，分别为 164.1mm/d、142mm/d 和 125.2mm/d。由此可知，CR4 的 P_E、I_E 值的变化范围在 4 个区域中最大，且两指标近年来均有增强趋势。极端降水的观测值变化与设计值一致，如 $P_E > 600$mm 且 $I_E > 150$mm/d 的记录，自 2005 年逐渐增加。基于上述分析，CR4 的极端降水情况同样值得在工程设计中重点考虑。

为对 4 个区域的年极端降水特征指标及其变化进行横向比较，图 8.7 展示了 4 个区域对应于 4 个时间窗口的 KRP＝20 年的等值线图。对于所有的时间窗口序列，当研究区域从北部半湿润地区移至南部湿润地区（由 CR1 至 CR4），P_E 代表的极端降水量逐渐增大，但 I_E 代表的极端降水强度变化无类似规律。由图 8.7 可知，北部区域 CR2 的年降水量显著少于南部区域 CR4，但其 I_E 设计值可在某些时间窗口中超过 CR4。类似地，CR1 的 I_E 设计值也在较长时期中超过了 CR3。可知北部半湿润区的 CR1 和 CR2 虽在年降水量和极端降水量方面与南部的 CR3 和 CR4 相比较少，但由于其极端降水强度大，故可能发生更为严重的极端降水事件。这体现了东部季风区降水在空间上分布不均的特点，北部地区更易发生短时间内的强降水事件。由图 8.7 各子图可知，位于长江下游区域 CR3 的降水年内分配在 4 个区域中相对均匀。同时注意到区域的降水量和降水强度不匹配的现象在 2003 年前尤为显著；在 2007 年后渐不明显，CR4 的 I_E 设计值逐渐增大并超过 CR2。CR1 与 CR3 的变化关系与之类似。在工程建设中应重点关注和防范区域 CR2 极端降水的高强度，以及 CR4 极端降水强度的增强趋势。

8.4.5 讨论

根据以上分析可知，4 个区域极端降水的 P_E、I_E 指标都是时变的。除

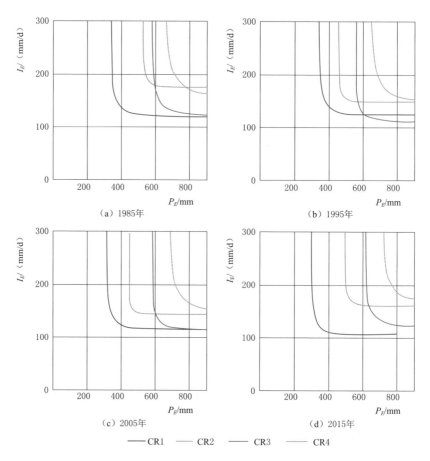

（a）1985年　　　　　　　　　　（b）1995年

（c）2005年　　　　　　　　　　（d）2015年

———— CR1 　　———— CR2 　　———— CR3 　　———— CR4

图 8.7　区域 CR1～CR4 的 P_E、I_E 指标 Kendall 重现期
等值线图 （KRP＝20 年）

CR1 的 P_E、I_E 指标在近年有下降趋势，风险相对较小外，其他区域极端降水的降水量和降水强度在近年均有增加趋势。其中 CR2 的降水强度指标 I_E 虽无明显波动，但其强度值很大，足以形成严重的暴雨事件；CR4 的极端降水量指标 P_E 的设计值及其波动在 4 个区域中为最大。4 个区域之间的对比表明，东部沿海地区降水的空间分布极为不均。南部区域 CR3 和 CR4 的年降水量、年极端降水量大，而北部区域 CR1 和 CR2 的极端降水强度更大。总体上，从极端降水的降水量和降水强度指标 P_E、I_E 来看，4 个区域的极端降水均有显著变化。关于本章采用的理论方法及其应用，有如下讨论：

（1）基于 Copula 兼容性检验将相依性结构兼容的指标序列融合，可有效扩充样本容量，提高 Copula 模拟水平。融合的序列保留了原序列的相依性结构及其演变。

（2）在对非平稳性的探究中，对相关系数序列采用了 PWMK 趋势检验和 Pettitt 突变点检验，由于影响水文多变量序列的时间变化的因素较为复杂，如需对指标的时变模式进行研究，可以考虑采用更加有效的统计检验方法进行非平稳性检验。

（3）P_E-I_E 序列的相依性结构的非平稳性特点在频率分析中的影响是不可忽略的。忽略水文变量的相依性演变，如趋势和突变点等，将导致在水利工程建设中对相关设计值估计不准确。

此外，本章采用的年极端降水量和降水强度的特征化指标 P_E、I_E 是从长期实测日降水序列中提取的，通过对这两个指标的研究获取极端降水模式，特别是严重的连续多日强降雨事件的相关信息。事实上相关研究也可采用其他极端降水的特征化指标，特别是在有高时空分辨率的降水数据（如以小时为单位的降水记录）的情况下。

8.5　本章小结

本章讨论了非平稳性条件下年极端降水的降水量和降水强度的频率分析。从我国东部沿海季风区 4 个研究区域的多年日降水资料中提取两个指标 P_E、I_E 序列，用时变的 GEV 分布和 Copula 函数分别拟合两个指标长度为 30 年的滑动窗口序列的边缘分布和联合分布。通过对指标相关系数 τ_n 和 ρ_n 序列的趋势检验和突变点检验探究指标相依性的非平稳性。通过 Copula 兼容性检验，将各区域两个相邻降水量测站的相依性结构兼容的 P_E、I_E 指标序列进行合并，以扩充用于 Copula 模拟的样本容量。基于频率分析，计算 P_E、I_E 指标在不同 Kendall 重现期（KRP）下的设计值并通过 KRP 等值线进行比较。根据等值线随时间的变化，3 个区域的极端降水自 1995 年后有加强趋势。北部区域的降水量较南部区域偏少，但表现为更高的降水强度，表明降水在空间上分布不均。

本章研究表明，在水文多变量的频率分析中，应充分考虑非平稳性条件，进行必要的趋势、突变点检验，以探究变量间相依性结构的演变规律；Copula 拟合中的样本容量不足问题可通过合并满足 Copula 兼容性条件的序列解决。此外，Kendall 重现期可用于计算年极端降水指标的设计值，且其定义对工程设计更为实用。鉴于目前非平稳条件下的水文变量间的相依性研究越来越受到关注，以及 Copula 分布拟合在频率分布中的广泛应用，本章中提出的研究方法在其他相关领域同样可以应用，如对暴雨、干旱、洪水的研究等。未来的研究应着力于更加有效的非平稳性检验方法，以及更加适用于水文变量的时变边缘分布和联合分布模型。

第 9 章

信息传递模型与数据传递模型在水文站网设计中的应用分析

9.1　引言

降雨是水循环和水文气象系统中最重要的变量之一，对了解区域气候特征、径流预报和水资源管理具有重要意义。为了获得准确的降雨量数据，如何对雨量站网进行优化设计仍然是一个挑战。雨量站网的主要目标是提供实际使用所需时空尺度的降雨数据，然而由于实际需求的多样性，目前仍难以确定"最佳"的雨量站网，因此雨量站网的设计方法还没有标准化。

信息熵被用来测量监测站网的内在不确定性，因此，站网中的站点不应该有太多重叠信息，尽可能避免信息冗余从而降低整个监测系统的不确定性。Krstanovic 和 Singh（1992）利用熵对美国路易斯安那州由 69 个雨量站点组成的雨量站网进行了时空评价，提出了用未传递信息系数来确定是否在雨量站网中增加一个新的雨量站点。Husain（1989）在美国 Sleeper River 流域使用指数模型进行雨量站网设计，假设任何给定位置的信息传递量是与某站点地理距离的指数衰减函数。结果表明，随着距离的增加，信息传递量减小，在阈值处达到一个相对稳定的最小值。信息传递量-距离关系是一种信息传递模型，被应用于不同监测网络的设计（Mogheir et al.，2004；Owlia et al.，2011；Su 和 You，2014）。

由于雨量站点的数量有限以及未观测地区的资料缺乏，在现有站网中添加雨量站点通常是一个挑战。目前解决该问题的方法大致可分为两种，一种是利用地统计学插值技术（例如反距离平方方法、克里金插值等）或从外部数据源（例如遥感卫星、雷达数据）获取地表观测站所不具备的数据，这种方法可视为数据传递模型。另一种是利用信息传递模型，通过信息传递量-距离关系将站点之间的信息传递进行定量化，这种方法在一定程度上避免了在未观测点获取观测数据，并完成了站网设计的目标任务。

9.2　站网优化基础信息量化指标

9.2.1　边缘熵

考虑一个离散随机变量 X，其有 N 个可能取值 x_i，与之对应出现的概率为 p_i，并且满足：$0 \leqslant p_i \leqslant 1$，$i=1$，$2$，$\cdots$，$N$，$\sum p_i = 1$。Shannon 引入函数：

$$H(X) = H(p_1, p_2, p_3, \cdots, p_N) = -\sum_{i=1}^{N} p_i \log_2 p_i \tag{9.1}$$

式中：H 为信息熵（entropy），也称为边缘熵。

9.2.2　互信息

为更好地理解互信息，在这里首先介绍联合熵和条件熵的概念。对于二维随机变量 (X,Y)，边际概率分布分别为 $p_i.$ 和 $p._j$，联合概率分布为 $p(x_i, y_j) = p_{ij}$，$i=1$，2，$\cdots$，N；$j=1$，2，$\cdots$，M，则 (X,Y) 的二维联合熵 $H(X,Y)$ 定义为

$$H(X,Y) = -\sum_{i=1}^{N}\sum_{j=1}^{M} p_{ij} \log_2 p_{ij} \tag{9.2}$$

由信息熵性质中的对称性可知

$$H(X,Y) = H(Y,X) \tag{9.3}$$

已知 Y 的条件下 X 的条件熵 $H(X|Y)$ 和已知 X 的条件下 Y 的条件熵 $H(Y|X)$ 分别为

$$H(X \mid Y) = -\sum_{i=1}^{N}\sum_{j=1}^{M} p_{ij} \log_2 \frac{p_{ij}}{p._j} \tag{9.4}$$

$$H(Y \mid X) = -\sum_{i=1}^{N}\sum_{j=1}^{M} p_{ij} \log_2 \frac{p_{ij}}{p_i.} \tag{9.5}$$

互信息在信息熵理论中是一个至关重要的概念，也被称为信息传递量。随机变量 X，Y 所包含的信息同量即互信息，定义为

$$T(X,Y) = H(X) + H(Y) - H(X,Y) \tag{9.6}$$

$$T(X,Y) = H(X) - H(X|Y) \tag{9.7}$$

$$T(X,Y) = H(Y) - H(Y|X) \tag{9.8}$$

9.2.3　信息传递量-距离（T-D）模型

T-D模型刻画了站点间信息传递量随站点间距离的变化趋势，在数学上大致可以用指数衰减函数来表示。函数形如

$$T(D) = T \exp(-aD) + T_0 \tag{9.9}$$

式中：T 为信息传递量（互信息）；D 为站点间距离；a 为衰减指数系数。

当 D 趋近于无穷大时，函数值为 $T + T_0$，表示稳定距离。其中互信息也可替换为有向信息传递指数（directional information transfer index，DIT），定义为

$$DIT(X,Y) = \frac{T(X,Y)}{H(X)} \tag{9.10}$$

$$DIT(Y,X) = \frac{T(X,Y)}{H(Y)} \tag{9.11}$$

由信息传递量-距离（T-D）模型可以得到一个站网系统信息传递与距离的空间相关关系，进而实现站网空间布设优化任务。

9.2.4　多维信息传递量估计

多维信息传递量是对二维互信息的推广，其直接的估计值通常难以获得，通过链式法则可由 Su 和 You（2014）对 Huang et al.（2007）的近似算法改进得到

$$T_k = T(X_1, X_2, \cdots, X_k; Y)$$
$$= \sum_{i=1}^{k} \alpha_i \frac{T_i(X_1, X_2, \cdots, X_{k-1}; Y)}{T(X_1, X_2, \cdots, X_{k-1})} T(X_1, X_2, \cdots, X_k) \tag{9.12}$$

式中：$T(X_1, X_2, \cdots, X_k; Y)$ 为 $X_1, X_2, \cdots, X_k$ 对 Y 的多维信息传递量；α_i 为仿射组合的权重系数，$\sum_{i=1}^{k} \alpha_i = 1$ 详细的算法过程可参考 Su 和 You（2014）。

通过多维信息传递量，可量化现有站点对候选站点的信息传递量（信息冗余），从而选出最有效的候选站点，即选择具有最低多维信息传递量的站点作为新增站点选址。目标函数为

$$\min\{H(x_1, x_2, \cdots, x_{j-1}) - H(x_1, x_2, \cdots, x_{j-1}|x_j)\}$$

$$= \min\{T(x_1, x_2, \cdots, x_{j-1}; x_j)\} \tag{9.13}$$

9.3 信息传递模型与数据传递模型实例分析

9.3.1 研究区介绍

本章选取了位于长江三角洲的上海市雨量站网（47个站点）作为研究案例。上海是一座人口密集、高度发达的特大城市。上海水系属于太湖流域典型的平原河网水系，北亚热带海洋季风气候的典型特征是夏季降水量大，雨季从5月延续到9月，伴随着台风和暴雨。上海市代表雨量站由13个雨量站组成，雨量站点信息见表9.1。数据选取2006—2015年的日降水数据，剩余34个站点用于对两种模型结果进行对比。

表9.1　　　　　　　　　　上海市代表雨量站基本信息

站　次	站　名	东　经	北　纬	日平均降雨量/mm
1	夏字圩	121°09′	30°58′	3.04
2	青浦	121°07′	31°07′	3.02
3	泗泾	121°17′	31°07′	3.15
4	沙港	121°23′	30°59′	3.33
5	青村	121°34′	30°57′	3.52
6	大团闸	121°44′	30°59′	3.24
7	黄渡	121°14′	31°16′	3.30
8	江湾	121°29′	31°18′	3.46
9	杨思闸	121°28′	31°10′	3.53
10	祝桥	121°45′	31°07′	3.28
11	五号沟闸	121°40′	31°19′	3.29
12	金山嘴	121°23′	30°45′	2.82
13	芦潮港	121°51′	30°52′	3.23

9.3.2 代表雨量站预分析

首先对代表雨量站面降雨量估计的可靠性进行分析，采用 GORE 和

BALANCE 两个指标对 3 种不同的采样频率（日值、周值、月值）进行讨论。GORE 代表雨量估计优度，定义如下：

$$\text{GORE} = 1 - \frac{\sum_{t=1}^{n}\left(\sqrt{P_t} - \sqrt{\hat{P}_t}\right)^2}{\sum_{t=1}^{n}\left(\sqrt{P_t} - \overline{\sqrt{P}}\right)^2} \tag{9.14}$$

式中：n 为观测期的时间总步长；$\hat{P}_t$ 为代表性雨量站估计的降水量；P_t 为所有雨量站估计的降水量；$\overline{\sqrt{P}}$ 为观察期内所有雨量站估计的平均降水量。

GORE 的变化范围为 $-\infty \sim 1$，越接近 1 表示估计优度越高。

指标 BALANCE 来源于纳什效率系数，用于衡量降雨量估计过高或过低的程度，定义如下：

$$\text{BALANCE} = \frac{\sum_{t=1}^{n}\hat{P}_t}{\sum_{t=1}^{n}P_t} \tag{9.15}$$

BALANCE 大于 1 则表明估计过高，小于 1 则表明估计过低。由表 9.2 可发现，雨量站的代表性评价结果均接近于 1，表明 13 个代表雨量站已能较好地反映研究区的降水空间分布。

表 9.2　　　　　　代表雨量站在几种采样频率下的指标结果

指　　标	日　　值	周　　值	月　　值
GORE	0.986	0.9894	0.9924
BALANCE	0.9979	0.9987	0.9985

9.3.3　构建 T-D 模型

依据 13 个代表站建立 T-D 模型，图 9.1 以周值数据为例给出了 DIT-距离拟合曲线，拟合优度见表 9.3。可以发现，3 种采样频率下，周值的拟合效果最优，体现为最低的 SSE、RMSE 和最高的 R^2 值。依据已构建好的 T-D 模型，可以得出站点信息传递在空间上的分布关系，即给定某一站点与现有站点的距离，可以由拟合方程计算得到从现有站点到该站点的信息传递量，依据所有现有站点对该站点的信息传递量可以确定候选站点的最优地理位置。

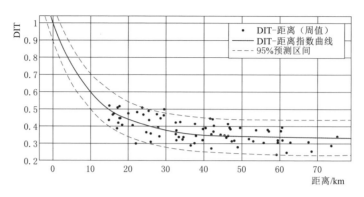

图 9.1　DIT-距离拟合曲线

表 9.3　　　　　　　　　代表雨量站构建 T－D 模型及拟合优度

采样频率	拟　合　方　程	拟　合　优　度		
		SSE	R^2	RMSE
日值	DIT＝0.714×exp（−0.080×D）＋0.284	0.432	0.921	0.070
周值	DIT＝0.663×exp（−0.091×D）＋0.336	0.224	0.952	0.050
月值	DIT＝0.188×exp（−0.031×D）＋0.804	0.370	0.391	0.065

9.3.4　信息传递模型与数据传递模型对比

信息传递模型中，依据已建立的 T－D 模型和多维信息传递量估计方法，可以得到候选站点的多站点信息传递量。另外，数据传递模型利用克里金插值法，依据现有站点的降水值在候选站点处得到插值降水量，进一步也可以得到多站点信息传递量。除 13 个代表站以外的 34 个雨量站已有真实观测的降水数据，可视为真值，用于对比两种模型的估计结果，采用 RMSE 和 Bias 两个指标来评价模型估计误差，定义如下：

$$RMSE = \sqrt{\frac{1}{n}\sum_{i=1}^{n}(\hat{y}_i - y_i)^2} \tag{9.16}$$

$$Bias = \sum_{i=1}^{n}(\hat{y}_i - y_i) \tag{9.17}$$

式中：y_i 为由观测数据得到的多站点信息传递量；$\hat{y}_i$ 为由信息传递模型或者数据传递模型得到的多站点信息传递量。

RMSE 越小代表估计结果越好，Bias 越接近于 0 代表估计结果越好。仅对周值数据进行模型对比，由表 9.4 可发现，信息传递模型的 RMSE 和 Bias

均有更优表现，表明在估计站点的信息传递值方面，信息传递模型的估计误差更小，更能有效判断信息匮乏区域从而建立新的候选雨量站点。

表 9.4　　　　　　信息传递模型和数据传递模型估计误差

模　　型	RMSE	Bias
信息传递模型	0.0786	−3.2317
数据传递模型	0.0982	28.8211

9.3.5　优选站点的空间分布

为了减少计算量，仅选取 6 个代表雨量站进行多维信息传递量计算，选取的站点为 S01、S04、S07、S08、S11、S12（选用的代表站，如图 9.2 所示）。利用实测降水数据计算 6 个站对 34 个站点的信息传递量，用圆圈标出信息传递量最低的候选站点，如图 9.2 所示。这些站点主要分布在研究区的东部、中部和西部边缘，表明这些区域的站点与现有选用站的信息冗余最小。换言之，如果考虑新增雨量站，应当优先考虑这些区域作为候选站点的选址。

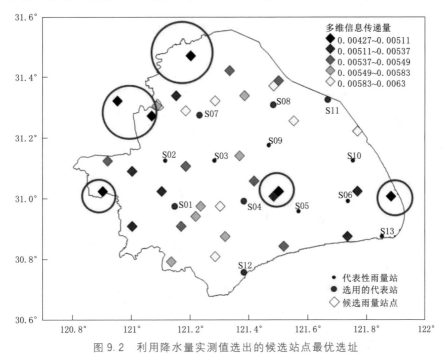

图 9.2　利用降水量实测值选出的候选站点最优选址

进一步对信息传递模型和数据传递模型选出的候选站点进行对比，如图 9.3 和图 9.4 所示。可以发现两种模型所选出的区域基本相似，都分布在

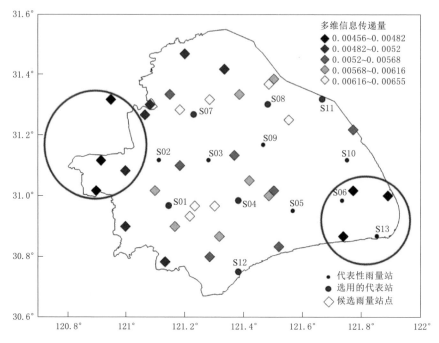

图 9.3　利用信息传递模型选出的候选站点最优选址

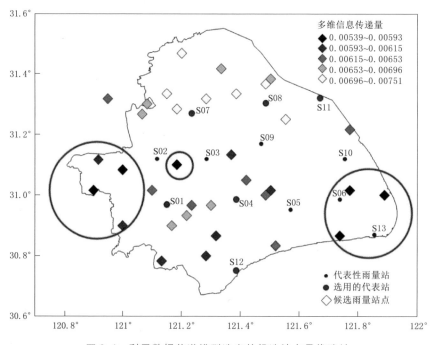

图 9.4　利用数据传递模型选出的候选站点最优选址

研究区的东部和西部边缘地带。同时，与图 9.2 相比，有些信息匮乏的地区则会被忽略，例如根据实测降水量得到的结果显示，研究区中部一些站点的信息传递量较小，而在两种模型的最优选址结果中均未出现该地区的站点，这种误差可能来源于估计误差和模型误差。

9.4 本章小结

在本章中，基于信息熵理论对两种模型（信息传递模型和数据传递模型）在雨量站网设计中的应用进行分析，使用代表性雨量站网识别信息冗余度最小的候选站点区域。对不同的采样间隔进行评估，结果表明，月值采样的 DIT -距离指数曲线拟合效果不佳，因此，以日值或周值构建信息传递模型更有利于获取站点信息传递在空间上的分布模式。

另外，这两种模型的优势在于可以利用已有站点对未获得站点资料地区的数据或信息进行估计，从而对增设新的站点有较大的实际应用价值。结果表明，信息传递模型比数据传递模型能更好地估计站点间的信息传递。同时，对于信息传递和数据传递模型，信息冗余度最小的候选雨量站选择结果较为相似，而两种模型由于估计误差和模型误差，对某些信息冗余度较小区域的捕获仍然存在忽略的风险。

参 考 文 献

陈璐，叶磊，卢韦伟，等，2014. 基于 Copula 熵的神经网络径流预报模型预报因子选择 [J].
　　水力发电学报，33（6）：25 - 29.

陈颖，2013. 基于信息熵理论的水文站网评价优化研究 [D]. 武汉：武汉理工大学.

陈植华，2002. 基于信息熵理论对区域地下水观测网系统优化与设计：河北平原地下水观测
　　网研究为例 [D]. 武汉：中国地质大学（武汉）.

董前进，陈森林，王先甲，2012. 最大熵原理的洪水预报误差分布规律推求：以三峡水库为
　　例 [J]. 武汉大学学报工学版，45（4）：418 - 422.

段文超，周裕红，2009. 水文站网规划与建设存在问题及对策初探 [J]. 中国水利，增刊 1：
　　36 - 37，134.

杜中，2015. 水文站网规划理论发展过程及趋势分析 [J]. 水利发展研究，6：43 - 46.

冯平，李新，2013. 基于 Copula 函数的非一致性洪水峰量联合分析 [J]. 水利学报，
　　44（10）：1137 - 1147.

黄家俊，张强，张生，等，2017. 基于信息熵的新疆降水时空变异特征研究 [J]. 生态学报，
　　37（13）：4444 - 4455.

孔祥铭，董艳艳，李薇，等，2016. 最大熵方法在香溪河流域径流分析中的应用 [J]. 水电
　　能源科学，34（2）：17 - 20.

李东奎，2016. 改进的信息熵模型在区域水文站网优化布设中的应用研究 [J]. 水利技术监
　　督，24（6）：25 - 28.

李帆，郑骞，张磊，2016. Copula 熵方法及其在三变量洪水频率计算中的应用 [J]. 河海大学
　　学报（自然科学版），44（5）：443 - 448.

李禾澍，王栋，王远坤，2017. 基于信息熵的多目标水文站网优化探讨 [J]. 南京大学学报
　　（自然科学），53（2）：326 - 332.

李明，张永清，张莲芝，2017. 基于 Copula 函数的长春市 106 年来的干旱特征分析 [J]. 干
　　旱区资源与环境，31（6）：147 - 153.

林娴，欧阳昊，陈晓宏，等，2017. 基于 Copula 函数的组合变量联合概率分布研究及应用
　　[J]. 水文，37（1）：1 - 7.

刘登峰，王栋，丁昊，等，2014. 水体富营养化评价的熵-云耦合模型 [J]. 水利学报，
　　45（10）：1214 - 1222.

陆桂华，蔡建元，胡凤彬，2001. 水文站网规划与优化 [M]. 郑州：黄河水利出版社.

陆桂华，闫桂霞，吴志勇，等，2010. 基于 Copula 函数的区域干旱分析方法 [J]. 水科学进
　　展，21（2）：188 - 193.

桑燕芳，王栋，吴吉春，等，2009. 水文序列分析中基于信息熵理论的消噪方法 [J]. 水利
　　学报，40（8）：919 - 926.

王栋，朱元甡，2001. 信息熵在水系统中的应用研究综述 [J]. 水文，2：9 - 14.

王舒，严登华，秦天玲，等，2011. 基于 PER – Kriging 插值方法的降水空间展布［J］. 水科学进展，22（6）：756 – 763.

王远坤，李建，王栋，2015. 基于多尺度熵理论的葛洲坝水库对长江干流径流影响研究［J］. 水资源保护，31（5）：14 – 18.

徐鹏程，2018. CEM 模型和 KCEM 模型在水文站网优化中的应用［D］. 南京：南京大学.

岳文泽，徐建华，徐丽，2005. 基于地统计方法的气候要素空间插值研究［J］. 高原气象，24（6）：974 – 980.

袁艳斌，杨惜岁，陈丽雅，等，2019. 基于多目标准则的流域站网优化［J］. 河海大学学报（自然科学版），47（2）：102 – 107.

张继国，刘新仁，2000. 降水时空分布不均匀性的信息熵分析：（Ⅱ）模型评价与应用［J］. 水科学进展，11（2）：138 – 143.

张济世，2006. 统计水文学［M］. 郑州：黄河水利出版社.

Adhikary S K，Yilmaz A G，Muttil N，2015. Optimal design of rain gauge network in the Middle Yarra River catchment，Australia［J］. Hydrol. Process. ，29（11）：2582 – 2599.

Aghakouchak A，2014. Entropy – copula in hydrology and climatology［J］. J. Hydrometeorol. ，15（6）：2176 – 2189.

Aghakouchak A，Ciach G，Habib E，2010. Estimation of tail dependence coefficient in rainfall accumulation fields［J］. Adv. Water Resour. ，33（9）：1142 – 1149.

Agresti A，Hitchcock D B，2005. Bayesian inference for categorical data analysis［J］. Stat. Method. Appl. ，14（3）：297 – 330.

Ahmad R，Roslinazairimah Z，Zanariah S，2017. Generating monthly rainfall amount using multivariate skew – t copula［J］. J. Phys. Conf. Ser. ，890：120 – 133.

Aissia M B，Chebana F，Ouarda T，et al.，2014. Dependence evolution of hydrological characteristics，applied to floods in a climate change context in Quebec［J］. J. Hydrol. ，519（519）：148 – 163.

Akaike H，1974. New look at statistical – model identification［J］. IEEE T. Automat. Contr. ，19（6）：716 – 723.

Alfonso L，Lobbrecht A，Price R，2010a. Optimization of water level monitoring network in polder systems using information theory［J］. Water Resour. Res. ，46（12）：595 – 612.

Alfonso L，Lobbrecht A，Price R，2010b. Information theory – based approach for location of monitoring water level gauges in polders［J］. Water Resour. Res. ，46：W12553.

Alfonso L，Mmkolwe M，Di Baldassarre G，2016. Probabilistic flood maps to support decision – making：Mapping the Value of Information［J］. Water Resour. Res. ，52：1026 – 1043.

Amiratee B，Montaseri M，Rezaie H，2017. Regional analysis and derivation of copula – based drought severity – area – frequency curve in lake urmia basin，Iran［J］. J. Environ. Manage. ，206：134 – 144.

Bardossy A，2006. Copula – based geostatistical models for groundwater quality parameters［J］. Water Resour. Res. ，42（11）：11416.

Bardossy A，Horning S，2016. Gaussian and non – Gaussian inverse modeling of groundwater flow using copulas and random mixing［J］. Water Resour. Res. ，52（6）：4504 – 4526.

Bardossy A，Li J，2008. Geostatistical interpolation using copulas［J］. Water Resour. Res. ，

44 (7): WR006115.

Bardossy A, Pegram G, 2009. Copula based multisite model for daily precipitation simulation [J]. Hydrol. Earth Syst. Sc. , 13 (12): 2299 - 2314.

Bastin G, Lorent B, Duque C, et al., 1984. Optimal estimation of the average rainfall and optimal selection of rain - gauge locations [J]. Water Resour. Res. , 20 (4): 463 - 470.

Bazrafshan J, Nadi M, Ghorbani K, 2015. Comparison of empirical copula - based joint deficit index (jdi) and multivariate standardized precipitation index (mspi) for drought monitoring in iran [J]. Water Resour. Manag. , 29 (6): 2027 - 2044.

Bechler A, Vrac M, Bel L, 2015. A spatial hybrid approach for downscaling of extreme precipitation fields [J]. J. Geophys. Res. , 120 (10): 4534 - 4550.

Bender J, Wahl T, Jensen J, 2014. Multivariate design in the presence of non - stationarity [J]. J. Hydrol. , 514: 123 - 130.

Bogsrdi I, Bardossy A, 1985. Multicriterion network design using geostatistics [J]. Water Resour. Res. , 21 (2): 199 - 208.

Bonaccorso B, Cancelliere A, Rossi G, 2003. Network design for drought monitoring by geostatistical techniques [J]. European Water, EWRA: 9 - 15.

Camera C, Bruggeman A, Hadjinicolaou P, et al., 2014. Evaluation of interpolation techniques for the creation of gridded daily precipitation ($1 \times 1km^2$): cyprus, 1980 - 2010 [J]. J. Geophys. Res. , 119 (2): 693 - 712.

Chacon - Hurtado J C, Alfonso L, Solomatine D, 2017. Rainfall and streamflow sensor network design: a review of applications, classification, and a proposed framework [J]. Hydrol. Earth Syst. Sc. , 21: 3071 - 3091.

Chao A, Shen T J, 2003. Nonparametric estimation of Shannon's index of diversity when there are unseen species in sample [J]. Environ. Ecol. Stat. , 10 (4): 429 - 443.

Chebana F, Dabo - Niang S, Ouarda T, 2012. Exploratory functional flood frequency analysis and outlier detection [J]. Water Resour. Res. , 48 (4): W04514.

Chebana F, Ouarda TBMJ, DUONG TC, 2013. Testing for multivariate trends in hydrologic frequency analysis [J]. J. Hydrol. , 486 (8): 519 - 530.

Chen X, Fan Y, 2006. Estimation and model selection of semiparametric copula - based multivariate dynamic models under copula misspecification [J]. J. Econometrics, 135 (1): 125 - 154.

Chen Y C, Wei C, Yeh H C, 2008. Rainfall network design using kriging and entropy [J]. Hydrol. Process. , 22 (3): 340 - 346.

Chiu S T, 1996. A comparative review of bandwidth selection for kernel density estimation [J]. Stat. Sinica, 6 (1): 129 - 145.

Coles S, 2001. An Introduction to statistical modeling of extreme values [M]. London: Springer Verlag.

Cressie N A C, 2015. Statistics for spatial data, in statistics for spatial data [M]. New York: John Wiley and Sons.

Creutin J D, Obled C, 1982. Objective analyses and mapping techniques for rainfall fields: An objective comparison [J]. Water Resour. Res. , 18 (2): 413 - 431.

De Michele C, Salvadori G, 2003. A generalized pareto intensity – duration model of storm rainfall exploiting 2 – copulas [J]. J. Geophys. Res. , 108 (D2).

De Michele C, Salvadori G, Passoni G, et al., 2007. A multivariate model of sea storms using copulas [J]. Coast. Eng. , 54 (10): 734 – 751.

De Michele C, Salvadori G, Vezzoli R, et al., 2013. Multivariate assessment of droughts: frequency analysis and dynamic return period [J]. Water Resour. Res. , 49 (10): 6985 – 6994.

Donckels M R, De Pauw, Dirk J W, et al., 2010. An ideal point method for the design of compromise experiments to simultaneously estimate the parameters of rival mathematical models [J]. Chem. Eng. Sci. , 65 (5): 1705 – 1719.

Douglas E M, Vogel R M, Kroll C N, 2000. Trends in floods and low flows in the united states: Impact of spatial correlation [J]. J. Hydrol. , 240 (1 – 2): 90 – 105.

Erhardt TM, Czado C, 2017. Standardized drought indices: a novel univariate and multivariate approach [J]. Journal of the Royal Statistical Society, 67: 643 – 664.

Fahle M, Hohenbrink T L, Dirtrich O, et al., 2015. Temporal variability of the optimal monitoring setup assessed using information theory [J]. Water Resour. Res. , 51 (9): 7723 – 7743.

Fatichi S, Caporali E, 2009. A comprehensive analysis of changes in precipitation regime in Tuscany [J]. Int. J. Climatol. , 29 (13): 1883 – 1893.

Favre A C, Adlouni S E, Perreault L, et al., 2004. Multivariate hydrological frequency analysis using copulas [J]. Water Resour. Res. , 40 (1): 290 – 294.

Fleming S W, Sauchyn D J, 2013. Availability, volatility, stability, and teleconnectivity changes in prairie water supply from Canadian Rocky Mountain sources over the last millennium [J]. Water Resour. Res. , 49 (1): 64 – 74.

Fu G, Butler D, 2014. Copula – based frequency analysis of overflow and flooding in urban drainage systems [J]. J. Hydrol. , 510: 49 – 58.

Genest C, Favre A C, 2007. Everything you always wanted to know about copula modeling but were afraid to Ask [J]. J. Hydrol. Eng. , 12 (4): 347 – 368.

Genest C, Ghoudi K, Rivest L P, 1995. A semiparametric estimation procedure of dependence parameters in multivariate families of distributions [J]. Biometrika, 82: 543 – 552.

Genest C, Remillard B, Beaudoin D, 2009. Goodness – of – fit tests for copulas: A review and a power study [J]. Insur. Math. Econ. , 44 (2): 199 – 213.

Gennaretti F, Sangelantoni L, Grenier P, 2015. Toward daily climate scenarios for Canadian Arctic coastal zones with more realistic temperature – precipitation interdependence [J]. J. Geophys. Res. , 120 (23): 11862 – 11877.

Good I J, 1953. The population frequencies of species and the estimation of population parameters [J]. Biometrika, 40 (3 – 4): 237 – 264.

Goovaerts P, 2000. Geostatistical approaches for incorporating elevation into the spatial interpolation of rainfall [J]. J. Hydrol. , 228 (1 – 2): 113 – 129.

Grimaldi S, Serinaldi F, 2006a. Design hyetograph analysis with 3 – copula function [J]. Hydrolo. Sci. J. , 51 (2): 223 – 238.

Grimaldi S, Serinaldi F, 2006b. Asymmetric copula in multivariate flood frequency analysis [J]. Adv. Water Resour. , 29 (8): 1155 – 1167.

155

Grimaldi S, Petroselli A, Salvadori G, et al., 2016. Catchment compatibility via copulas: A non - parametric study of the dependence structures of hydrological responses [J]. Adv. Water Resour., 90: 116 - 133.

Grobmab T, 2007. Copula and tail dependence [M]. Berlin: Diploma thesis, Humboldt - University.

Gronneberg S, Hjort N L, 2014. The copula information criteria [J]. Scand. J. Stat., 41: 436 - 459.

Gu X, Zhang Q, Singh V P, et al., 2016. Nonstationarity in the occurrence rate of floods in the tarim river basin, china, and related impacts of climate indices [J]. Global Planet. Change, 142: 1 - 13.

Gyasi - Agyei Y, Melching C S, 2012. Modelling the dependence and internal structure of storm events for continuous rainfall simulation [J]. J. Hydrol., 464 - 465: 249 - 261.

Haddad K, Rahman A, Zaman M A, et al., 2013. Applicability of Monte Carlo cross validation technique for model development and validation using generalised least squares regression [J]. J. Hydrol., 482: 119 - 128.

Hao Z, Singh V P, 2012. Entropy - based method for bivariate drought analysis [J]. J. Hydrol. Eng., 18 (7): 780 - 786.

Hao Z, Singh V P, 2013. Modeling multisite streamflow dependence with maximum entropy copula [J]. Water Resour. Res., 49 (10): 7139 - 7143.

Hao Z, Singh V P, 2015. Integrating entropy and copula theories for hydrologic modeling and analysis [J]. Entropy, 17 (4): 2253 - 2280.

Hausser J, Strimmer K, 2009. Entropy inference and the James - Stein estimator, with application to nonlinear gene association networks [J]. J. Mach. Learn. Res., 10: 1469 - 1484.

Hobak Haff I, Frigessi A, Maraun D, 2015. How well do regional climate models simulate the spatial dependence of precipitation? An application of pair - copula constructions [J]. J. Geophys. Res., 120 (7): 2624 - 2646.

Hoeffding W, 1948. A non - parametric test of independence [J]. Annals of Mathematical Statistics, 19 (4): 546 - 557.

Hoeffding W, 1994. The Collected Works of Wassily Hoeffding [M], New York: Springer.

Hofert M, Kojadinovic I, Maechler M, et al., 2017. Multivariate dependence with copulas [J]. R package version 0. 999 - 18 ed.

Holste D, Grosse I, Herzel H, 1998. Bayes' estimators of generalized entropies [J]. J. Phys. A: Math. Gen., 31 (11): 2551.

Horvitz D G, Thpmpson D J, 1952. A generalization of sampling without replacement from a finite universe [J]. J. Am. Stat. Assoc., 47 (260): 663 - 685.

Huang F, Xia Z, Zhang N, et al., 2011. Flow - complexity analysis of the upper reaches of the Yangtze River, China [J]. J. Hydrol. Eng., 16 (11): 914 - 919.

Huang J, Cai Y, Xu X, 2007. A hybrid genetic algorithm for feature selection wrapper based on mutual information [J]. Pattern Recognition Letters, 28 (13): 1825 - 1844.

Huang S, Chang J, Huang Q, et al., 2015. Identification of abrupt changes of the relationship between rainfall and runoff in the Wei River Basin, China [J]. Theor. Appl. Climatol.,

120 (1 – 2): 299 – 310.

Huang S, Chang J, Huang Q, et al., 2017. Copula – based identification of the non – stationarity of the relation between runoff and sediment load [J]. Int. J. Sediment Res. , 32 (2): 221 – 230.

Husain T, 1989. Hydrologic uncertainty measure and network design [J]. JAWRA Journal of the American Water Resources Association, 25 (3).

James W, Stein C, 1961. Estimation with quadratic loss [M]. New York: Springer.

Jaynes E T, 1957. Information theory and statistical mechanics [J]. Physics Review, 106 (4): 620.

Jiang C, Xiong L, Xu C, et al., 2015. Bivariate frequency analysis of nonstationary low – flow series based on the time – varying copula [J]. Hydrol. Process. , 29 (6): 1521 – 1534.

Kao S C, Govindaraju R S, 2007. A bivariate frequency analysis of extreme rainfall with implications for design [J]. J. Geophys. Res. , 112 (D13): D13119.

Kao S C, Govindaraju R S, 2008. Trivariate statistical analysis of extreme rainfall events via the Plackett family of copulas [J]. Water Resour. Res. , 44 (2), 333 – 341.

Kao S C, Govindaraju R S, 2010. A copula – based joint deficit index for droughts [J]. J. Hydrol. , 380 (1 – 2): 121 – 134.

Kendall M G. 1975. Rank Correlation Methods [M]. London: Charles Griffin & Company Ltd.

Keum J, Coulibaly P, 2017. Information theory – based decision support system for integrated design of multivariable hydrometric networks [J]. Water Resour. Res. , 53 (7): 1 – 21.

Keum J, Coulibaly P, Razavi T, et al., 2018. Application of SNODAS and hydrologic models to enhance entropy – based snow monitoring network design [J]. J. Hydrol. , 561: 688 – 701.

Keum J, Komelsen K, Leach J, et al., 2017. Entropy applications to water monitoring network design: a review [J]. Entropy, 19 (11): 613.

Khedun C P, Mishra A K, Singh V P, et al., 2014. A copula – based precipitation forecasting model: Investigating the interdecadal modulation of ENSO's impacts on monthly precipitation [J]. Water Resour. Res. , 50 (1): 580 – 600.

Kotz S, Nadarajah S, 2000. Extreme Value Distributions Theory and Applications [M]. London: Imperial College Press.

Krichevsky R, Trofimov V, 1981. The performance of universal encoding [J]. IEEE T. Inform. Theory, 27 (2): 199 – 207.

Krstanovic P F, Singh V P, 1992. Evaluation of rainfall networks using entropy: 1. Theoretical development [J]. Water Resour. Manag. , 6: 279 – 293.

Kulkarni A, Storch H V, 1995. Monte Carlo experiments on the effect of serial correlation on the Mann – Kendall test of trend [J]. Meteorol. Z. , 4 (2): 82 – 85.

Lall U, Moon Y I, Bosworth K, 1993. Kernel flood frequency estimators: Bandwidth selection and kernel choice [J]. Water resour. Res. , 29 (4): 1003 – 1015.

Leach J M, Coulibaly P, Guo Y, 2016. Entropy based groundwater monitoring network design considering spatial distribution of annual recharge [J]. Advances in Water Resources, 96: 108 – 119.

Leach J M, Kornelsen K C, Samuel J, et al., 2015. Hydrometric network design using stre-amflow signatures and indicators of hydrologic alteration [J]. J. Hydrol. , 529: 1350 – 1359.

Lee T, Salas J D, 2011. Copula – based stochastic simulation of hydrological data applied to nile river flows [J]. Hydrol. Res. , 42 (4): 318.

Li C, Singh V P, Mishra A K, 2012. Entropy theory – based criterion for hydrometric network evaluation and design: Maximum information minimum redundancy [J]. Water Re-sour. Res. , 48 (5): 5521.

Li C, Singh V P, Mishra A K, 2013. Monthly river flow simulation with a joint conditional density estimation network [J]. Water Resour. Res. , 49 (6): 3229 – 3242.

Li F, Zheng Q, 2016. Probabilistic modelling of flood events using the entropy copula [J]. Adv. Water Res. , 97: 233 – 240.

Li J, Bardossy A, Gyenni L, et al., 2011. A copula based observation network design ap-proach [J]. Environ. Modell. Softw. , 26 (11): 1349 – 1357.

Li M, Shao Q X, 2010. An improved statistical approach to merge satellite rainfall estimates and raingauge data [J]. J. Hydrol. , 385 (1 – 4): 51 – 64.

Liu B, Chen X, Lian Y, et al., 2013. Entropy – based assessment and zoning of rainfall distri-bution [J]. J. Hydrol. , 490: 32 – 40.

Liu D, Wang D, Singh V P, et al., 2017. Optimal moment determination in pome – copula based hydrometeorological dependence modelling [J]. Adv. Water Resour. , 105, 39 – 50.

Liu D, Wang D, Wang L, et al., 2015. POME – copula for hydro – logical dependence analysis [J]. Proc. Int. Assoc. Hydrol. Sci. 368: 251 – 256.

Liu D, Wang D, Wang Y, et al., 2016. Entropy of hydrological systems under small samples: uncertainty and variability [J]. J. Hydrol. , 532: 163 – 176.

Liu J, Zhang Q, Singh V P, et al., 2017. Nonstationarity and clustering of flood characteris-tics and relations with the climate indices in the poyang lake basin, china [J]. Hydrolog. Sci. J. , 62 (11): 1809 – 1824.

Ljung G M, Box G E P, 1978. On a measure of lack of fit in time series models [J]. Biometri-ka, 65: 297 – 303.

Loucks D, Van Beek E, Stedinger J, et al., 2005. Water resources systems planning and man-agement: an introduction to methods. models and applications [M]. Paris: Springer Interna-tion Publishing.

Ma J, Sun Z, 2011. Mutual information is copula entropy [J]. Tsinghua Sci. Technol. , 6 (1): 51 – 54.

Mahjouri N, Kerachian R, 2011. Revising river water quality monitoring networks using dis-crete entropy theory: the Jajrood River experience [J]. Environ. Monit. Assess. , 175 (1 – 4): 291 – 302.

Mahmoudimeimand H, Nazif S, Abbaspour R A, et al., 2015. An algorithm for optimisation of a rain gauge network based on geostatistics and entropy concepts using GIS [J]. J. Spat. Sci. , 61 (1): 233 – 252.

Mann H B, 1945. Nonparametric tests against trend [J]. Econometrica, 13 (3), 245 – 259.

Milly P C, Brtancourt J, Falkenmark M, et al., 2008. Stationarity is dead: Whither water management [J]. Science, 319 (5863): 573 – 574.

Mishra A K, Coulibaly P, 2009. Developments in hydrometric network design: A review [J]. Rev. Geophys. , 47 (2): 2415 – 2440.

Mishra A K, Coulibaly P, 2010. Hydrometric network evaluation for Canadian watersheds [J]. J. Hydrol. , 380 (3 – 4): 420 – 437.

Mishra A K, Coulibaly P, 2014. Variability in Canadian seasonal streamflow information and its implication for hydrometric network design [J]. J. Hydrol. Eng. , 19 (8): 05014003.

Mogheir Y, Lima J, Singh V P, 2010. Characterizing the spatial variability of groundwater quality using the entropy theory: I. Synthetic data [J]. Hydrological Processes, 18 (11): 2165 – 2179.

Mogheir Y, Singh V P, 2002. Application of Information Theory to Groundwater Quality Monitoring Networks [J]. Water Resour. Manag. , 16 (1): 37 – 49.

Nelsen R B, 2006. An introduction to copulas [M]. New York: Springer.

Orlitsky A, Santhanam N P, Zhang J, 2003. Always Good Turing: asymptotically optimal probability estimation [J]. Science, 302 (5644): 427 – 431.

Owlia R R, Abrishamchi A, Tajrishy M, 2011. Spatial – temporal assessment and redesign of groundwater quality monitoring network: a case study [J]. Environmental Monitoring Assessment, 172 (1 – 4): 263 – 273.

Papalexiou S M, Koutsoyiannis D, 2012. Entropy based derivation of probability distributions: a case study to daily rainfall [J]. Adv. Water Resour. , 45 (45): 51 – 57.

Pardo – Igúzquiza E, 1998. Optimal selection of number and location of rainfall gauges for areal rainfall estimation using geostatistics and simulated annealing [J]. J. Hydro, 210 (1 – 4): 206 – 220.

Peeters L, Fasbender D, Batelaan O, et al., 2010. Bayesian data fusion for water table interpolation: incorporating a hydrogeological conceptual model in kriging [J]. Water Resour. Res. , 46 (8): W08532.

Pettitt A N, 1979. A non – parametric approach to the change – point problem [J]. J. R. Stat. Soc. , 28 (2): 126 – 135.

Pohlert T, 2017. Non – Parametric trend tests and change – point detection [M]. R package version 1. 0. 0 ed.

Rauf U, Zeephongsekul P, 2014. Analysis of rainfall severity and duration in Victoria, Australia using non – parametric copulas and marginal distributions [J]. Water Resour. Manag. , 28 (13): 4835 – 4856.

Remillard B, Plante J F, 2012. TwoCop: Nonparametric test of equality between two copulas [M]. R package version 1. 0. 0 ed.

Remillard B, Scaillet O, 2009. Testing for equality between two copulas [J]. J. Multivariate Anal. , 100 (3): 377 – 386.

Salvadori G, De Michele C, 2004. Frequency analysis via copulas: Theoretical aspects and applications to hydrological events [J]. Water Resour. Res. , 40 (12): 229 – 244.

Salvadori G, De Michele C, 2010. Multivariate multiparameter extreme value models and return periods: A copula approach [J]. Water Resour. Res. , 46: W10501.

Salvadori G, De Michele C, 2011. Estimating strategies for multiparameter Multivariate Extreme Value copulas [J]. Hydrol. Earth Syst. Sc. , 15: 141 – 150.

Salvadori G, De Michele C, Durante F, 2011. On the return period and design in a multivariate framework [J]. Hydrol. Earth Syst. Sc. , 15 (11): 3293 – 3305.

Salvadori G, De Michele C, Kottegoda N, et al., 2007. Extremes in nature: An approach using copulas [M]. New York: Springer.

Salvadori G, Durante F, De Michele C, 2013. Multivariate return period calculation via survival functions [J]. Water Resour. Res. , 49 (4): 2308 – 2311.

Samuel J, Coulibaly P, Kollat J, 2013. Crdemo: combined regionalization and dual entropy – multiobjective optimization for hydrometric network design [J]. Water Resour. Res. , 49 (12): 8070 – 8089.

Schurmann T, Grassberger P, 1996. Entropy estimation of symbol sequences [J]. Chaos, 6 (3): 414.

Scott D W, 1979. On optimal and data – based histograms [J]. Biometrika, 66 (3): 605 – 610.

Serinaldi F, 2009. A multisite daily rainfall generator driven by bivariate copula – based mixed distributions [J]. J. Geophys. Res. , 114 (D10).

Serinaldi F, Bonaccorso B, Cancelliere A, et al., 2009. Probabilistic characterization of drought properties through copulas [J]. Phys. Chem. Earth, 34 (10 – 12): 596 – 605.

Shannon C E, 1948. A mathemetical theory of communication [J]. Bell System Technical Journal, 27 (379 – 423): 623 – 656.

Shiau J T, 2006. Fitting drought duration and severity with two – dimensional copulas [J]. Water Resour. Manag. , 20 (5): 795 – 815.

Singh V P, 1997. The use of entropy in hydrology and water resources [J]. Hydro. Process. , 11 (6): 587 – 626.

Singh V P, 2015. Entropy Theory in Hydrologic Science and Engineering [M]. New York: McGraw – Hill Education.

Singh V P, Rajagopal A K, Singh K, 1986. Derivation of some frequency distributions using the principle of maximum entropy (pome) [J]. Adv. Water Resour. , 9 (2): 91 – 106.

Sivapalan M, Takeuchi K, Franks S W, et al., 2003. IAHS Decade on Predictions in Ungauged Basins (PUB), 2003 – 2012: Shaping an exciting future for the hydrological sciences [J]. Hydrolog. Sci. J. , 48 (6), 857 – 880.

Sklar M, 1959. Fonctions de répartition – AN dimensions et leurs marges [M]. Paris: publ. inst. statist. univ.

Song S, Singh V P, 2010a. Frequency analysis of droughts using the plackett copula and parameter estimation by genetic algorithm [J]. Stoch. Environ. Res. Risk Assess. , 24 (5): 783 – 805.

Song S, Singh V P, 2010b. Meta – elliptical copulas for drought frequency analysis of periodic hydrologic data [J]. Stoch. Environ. Res. Risk Assess. , 24 (3), 425 – 444.

Sonuga J O, 1972. Principle of maximum entropy in hydrologic frequency analysis [J]. J. Hydrol. , 17 (3): 177 – 191.

Srivastav R K, Simonovic S P, 2014. An analytical procedure for multi – site, multi – season streamflow generation using maximum entropy bootstrapping [J]. Environ. Modell. Softw., 59: 59 – 75.

Storch H V, 1995. Misuses of Statistical Analysis in Climate Research. Analysis of Climate Variability [M]. Berlin: Springer.

Sturges H A, 1926. The choice of a class interval [J]. J. Am. Stat. Assoc., 21 (153): 65 – 66.

Su H T, You J Y, 2014. Developing an entropy—based model of spatial information estimation and its application in the design of precipitation gauge networks [J]. Journal of Hydrology, 519: 3316 – 3327.

Sun P, Zhang Q, Gu X, et al., 2018. Nonstationarities and at – site probabilistic forecasts of seasonal precipitation in the East River Basin, China [J]. Int. J. Disast. Risk Sc., 9 (1): 100 – 115.

Tebaldi C, Hayhoe K, Arblaster J, et al., 2006. Going to the extremes: An intercomparison of model – simulated historical and future changes in extreme events [J]. Climatic Change, 79 (3): 233 – 234.

Vandenberghe S, Verhoest N, Baets BD, 2010. Fitting bivariate copulas to the dependence structure between storm characteristics: A detailed analysis based on 105 year 10 min rainfall [J]. Water Resour. Res., 46 (1): W01512.

Vandenberghe S, Verhoest N, Onof C, et al., 2011. A comparative copula – based bivariate frequency analysis of observed and simulated storm events: A case study on Bartlett – Lewis modeled rainfall [J]. Water Resour. Res., 47 (7): 197 – 203.

Verstraeten G, Poesen J, Demaree G, et al., 2006. Long – term (105 years) variability in rain erosivity as derived from 10 – min rainfall depth data for Ukkel (Brussels, Belgium): Implications for assessing soil erosion rates [J]. J. Geophys. Res., 111 (D22).

Vu V Q, Yu B, Kass R E, 2007. Coverage – adjusted entropy estimation [J]. Stat. med., 26 (21): 4039 – 4060.

Wang D, Singh V P, Shang X, et al., 2014. Sample entropy – based adaptive wavelet de – noising approach for meteorologic and hydrologic time series [J]. J. Geophys. Res., 119 (14): 8726 – 8740.

Wang W, Wang D, Singh V P, et al., 2018. Optimization of rainfall networks using information entropy and temporal variability analysis [J]. J. Hydrol., 559: 136 – 155.

Wei C, Yeh H C, Chen Y C, 2014. Spatiotemporal scaling effect on rainfall network design using entropy [J]. Entropy, 16 (8): 4626 – 4647.

Weijs S V, Schoups G, Giesen N, 2010. Why hydrological predictions should be evaluated using information theory [J]. Hydrol. Earth Syst. Sc., 14 (12): 2545 – 2558.

Wong G, Lambert M F, Leonard M, et al., 2010. Drought analysis using trivariate copulas conditional on climatic states [J]. J. Hydrol. Eng., 15 (2): 129 – 141.

Xu H, Xu C Y, Saelthun N R, et al., 2015. Entropy theory based multi – criteria resampling of rain gauge networks for hydrological modelling – A case study of humid area in southern China [J]. J. Hydrol., 525: 138 – 151.

Xu P, Wang D, Singh V P, Wang Y, et al., 2018. A kriging and entropy – based approach to raingauge network design [J]. Environ. Res. , 161: 61.

Yang Y, Burn D H, 1994. An entropy approach to data collection network design [J]. J. of Hydrol. , 157 (1 - 4): 307 - 324.

Yeh H C, Chen Y C, Wei C, et al., 2011. Entropy and kriging approach to rainfall network design [J]. Paddy and Water Environ. , 9 (3): 343 - 355.

Yilmaz A G, Perera B, 2014. Extreme rainfall nonstationarity investigation and intensity - frequency - duration relationship [J]. J. Hydrol. Eng. , 19 (6): 1160 - 1172.

Zeng X, Wang D, Wu J, 2012. Sensitivity analysis of the probability distribution of groundwater level series based on information entropy [J]. Stoch. Environ. Res. Risk Assess. , 26 (3): 345 - 356.

Zhang J, Lin X, Guo B, 2016. Multivariate copula - based joint probability distribution of water supply and demand in irrigation district [J]. Water Resour. Manag. , 30 (7): 2361 - 2375.

Zhang L, Singh V P, 2006. Bivariate flood frequency analysis using the copula method [J]. J. Hydrol. Eng. , 11 (2): 150 - 164.

Zhang L, Singh V P, 2007. Bivariate rainfall frequency distributions using Archimedean copulas [J]. J. Hydrol. , 332 (1): 93 - 109.

Zhang L, Singh V P, 2012. Bivariate Rainfall and Runoff Analysis Using Entropy and Copula Theories [J]. Entropy, 14 (9): 1784 - 1812.

Zhang Q, Chen Y D, Chen X, et al., 2011. Copula - based analysis of hydrological extremes and implications of hydrological behaviors in the Pearl River Basin, China [J]. J. Hydrol. Eng. , 16 (7): 598 - 607.

Zhang Q, Gu X, Singh V P, et al., 2015. Evaluation of flood frequency under non - stationarity resulting from climate indices and reservoir indices in the east river basin, china [J]. J. Hydrol. , 527: 565 - 575.

Zhang Q, Li J, Singh V P, et al., 2013. Copula - based spatio - temporal patterns of precipitation extremes in China [J]. Int. J. Climatol. , 33 (5): 1140 - 1152.